プリンキピアを読む

ニュートンはいかにして「万有引力」を証明したのか?

和田純夫　著

ブルーバックス

- ●カバー装幀／芦澤泰偉・児崎雅淑
- ●本文写真／PPS
- ●扉・目次デザイン・図版／さくら工芸社
- ●編集協力／(有)東行社 古友孝兒

はじめに

　コペルニクスやケプラーによる地動説の提唱は，従来の自然観を大きく揺るがした。一見，地球のまわりを回っていると考えられていた惑星は，むしろ太陽のまわりを回っており，しかもその軌道は円ではなく，円が歪んだ楕円形であることがわかった。その一方，地球上では，慣性の法則や，投げた物体は放物線を描いて飛ぶといった現象が，ガリレオやデカルトたちによって明らかにされた。

　これらの事実を統一的に説明するために登場したのがニュートン力学あるいは古典力学と呼ばれる学問であり，それが書かれている書物が『プリンキピア』（あるいはプリンシピア，正式名称は日本語で『自然哲学の数学的原理』）である。地動説の登場によって生じた混乱を収束させ，近代科学の出発点となった書物である。

　運動の3法則と万有引力によって，惑星の軌道が楕円になることを証明したことがこの本の第一の功績だが，この書物はそれを中心として書かれたものではない。楕円軌道の証明は第Ⅰ編命題11でされているが，全3編からなるプリンキピア全体には命題が200ほどもある。議論される話題は多岐にわたり，力が通常の形（距離の2乗に反比例）ではない場合の運動，大きさのある天体の万有引力，第3の天体の影響による楕円軌道の変形，自転による地球の変形，緯度による地表上の重力の変化，潮汐等々の議論があり，また空気抵抗，振り子，水の波，音波など，日常的な力学現象も議論さ

れる壮大な書物である。

　プリンキピアはそのことだけでも魅かれる本だが，もう一つの注目すべき特徴がある。実はこの本の記述は現在の力学の教科書とはまったく異なっている。現代の力学書が微分積分を中心とした数式によって記述されているのに対して，プリンキピアの記述は図形を多用した幾何学的なものである。そのため，プリンキピアは力学にかなり習熟した人にとっても読みにくく，また逆にその点に，現代の本では決して得られない面白さがある。力学のさまざまな難問を幾何学によって証明していくニュートンの能力には驚嘆するしかない。しかし基本となっている論理は中学や高校で学ぶ幾何学なので，微分積分に詳しくない人にとっても，しかるべき順番に追っていけば決して理解できないものではない（ただ，その順番が書かれていないことも多々あることが，この本の，そしてニュートンの特徴でもあるのだが）。

　1687年にプリンキピアの初版が出版された後，この，難解な書物の内容を解析的な議論に書き換える努力が他の人々によってなされた（幾何学的手法に対して，微分積分による議論を解析的手法と呼ぶ）。そして，微分積分さえ学べば比較的容易に扱える学問が登場する。山本義隆氏は，このような学問を「ニュートン力学」，プリンキピアの内容を「ニュートンの力学」と呼んで区別する（下記の文献参照）。

　現在，ニュートン力学の本は無数に出版されているが，「ニュートンの力学」を解説した本は（以下で紹介するが）わずかである。本書は，科学史上最も有名な本の一つでありながら，内容はそのままの形ではほとんど知られていないプ

リンキピアを，可能な限り誰にでも分かる形で紹介するために書いた。プリンキピアを読みながら私が感じた驚愕と感激を読者の皆さんに伝えることが目的である。

　プリンキピアの解説として私が気付いた，そして本書の執筆にあたって参考にしたのは，
1．ニュートン著，中野猿人訳・注『プリンシピア――自然哲学の数学的原理』（講談社）における訳者による注釈
2．チャンドラセカール著，中村誠太郎監訳『チャンドラセカールの「プリンキピア」講義』（講談社）
の2冊である。この両書がなければ私はプリンキピアを決して理解できなかったと思うが，いずれも素人向きの解説とは言いがたい。解析的説明をすればどうなるかといった話が多い。本書では説明をさらに噛み砕いて，中高レベルの数学教育を受けた人ならば理解できるような解説をすることを課題とした。

　といっても，ラテン語で書かれた原著を読んだわけではないことはお断りする。私が読んだプリンキピアは，上記の中野訳，および，
Isaac　Newton著，Andrew　Motte訳『The　Principia』（Prometheus Books）（1726年に出版されたプリンキピア第3版の英訳）
である。ただし，ここで紹介する命題などの表現の多くは，元々の表現とはまったく異なるものである。趣旨は原本に書かれていることだが，翻訳ではない。命題をわかりやすく表現することが，本書執筆の第一段階であった。

私がプリンキピアに関心を持ったのは，大上雅史，和田純夫著『数学が解き明かした物理の法則』（ベレ出版）を執筆したときである。この本の最初の部分には前記の命題11の証明が紹介されている。この部分は私のアドバイスによるものだが，共著者の大上氏が解読して執筆した。これだけでもニュートンの天才は垣間見られるが，プリンキピアの全貌はさらに奥深い。今度は私がということで，本書を執筆することにした。いかんせん，「誰も理解できない」と同時代の人々に噂されたこともある書物である。理解することも，それをうまく説明することもかなりの難業であったが，最上級の知的ゲームであったことは間違いない。その成果を皆さんにも少しでも楽しんでいただければ幸いである。

　なお，プリンキピアの周辺部分の解説に関しては，前記の本以外に次の3冊を参考にさせていただいた。

1．ジェイムズ・グリック著，大貫昌子訳『ニュートンの海——万物の真理を求めて』（NHK出版）
2．山本義隆著『古典力学の形成——ニュートンからラグランジュへ』（日本評論社）
3．山本義隆著『磁力と重力の発見3』（みすず書房）
　ここでこれらの書物の著者の方々にお礼を申し上げる。

　　2009年4月

　　　　　　　　　　　　　　　　　　　　和田　純夫

アイザック・ニュートン (1642-1727)

━━━━━━━━━━━┫ もくじ ┣━━━━━━━━━━━

はじめに 5
プリンキピアと本書の構成 14

第1部　プリンキピアとは 17

第1章　プリンキピア誕生まで 18
1. ウールスソープで 18
2. プリンキピア出版まで 19
3. ニュートンのなしとげたこと 23

第2章　知識に関する時代背景 26
1. ケプラーの3法則 26
2. アリストテレスの運動論から慣性の法則へ 30
3. 運動の3法則とガリレオの落下の法則 32
4. デカルトの渦動説とケプラーの磁力説 35

第3章　「世界の体系」への道
　　　　……プリンキピア第Ⅲ編前半 39
1. 第Ⅲ編への導入:「哲学における推理の規則」 40
2. 6つの「現象」 43
3. 万有引力の法則の確立（命題1〜9） 47
4. ニュートンの世界像・太陽系像（命題10〜14） 67

本書で登場する主な命題一覧 74

第2部　プリンキピアの諸定理　*81*

第4章　用語の定義と運動の基本法則　*82*
1. 定義　*82*
2. 運動の法則　*91*
3. 運動の3法則に関するコメント　*101*

第5章　第Ⅰ編 Section 1　準備　*105*

第6章　第Ⅰ編 Section 2
　　　　　向心力と面積速度一定の法則　*119*

第7章　第Ⅰ編 Section 3
　　　　　ケプラーの法則の証明　*146*

第8章　第Ⅰ編 Section 6〜8　時刻と位置　*159*

第9章　第Ⅰ編 Section 9
　　　　　軌道自体が回転する運動　*172*

第10章　第Ⅰ編 Section 11
　　　　　2体問題・3体問題　*188*

第11章　第Ⅰ編 Section 12
　　　　　大きさのある物体の重力　*212*

第12章　第Ⅰ編 Section 13　球状でない天体
　　　　　の引力……ニュートンの積分　*228*

第13章　第Ⅱ編 Section 1〜9
　　　　　　抵抗を及ぼす媒質内での物体の運動　*244*

1. 抵抗力と重力を受ける質点の運動　*244*
2. 流体の性質　*250*
3. 振り子　*252*
4. 物体の形状と抵抗　*256*
5. 波動　*262*
6. 渦　*264*

第14章　第Ⅲ編命題18以降　*267*

1. 地球の形（命題18〜20）　*267*
2. 潮汐の理論（命題24,命題36,命題37）　*279*
3. その他　*282*

第15章　終わりに　*284*

さくいん　*292*

PHILOSOPHIÆ
NATURALIS
PRINCIPIA
‚MATHEMATICA‚

Autore *JS. NEWTON,* *Trin. Coll. Cantab. Soc.* Matheseos
Professore *Lucasiano,* & Societatis Regalis Sodali.

IMPRIMATUR·
S. PEPYS, *Reg. Soc.* PRÆSES.
Julii 5. 1686.

LONDINI,
Jussu *Societatis Regiæ* ac Typis *Josephi Streater.* Prostant Venales apud *Sam. Smith* ad insignia Principis *Walliæ* in Cœmiterio
D. *Pauli,* aliosq; nonnullos Bibliopolas. *Anno* MDCLXXXVII.

プリンキピア（第1版）の表紙

プリンキピアと本書の構成

 アイザック・ニュートンが著した『自然哲学の数学的原理』(通称プリンキピア)は,全3編からなり,物体の動きや力の関係をさまざまな定義・法則・命題などで扱っている。プリンキピア全体の構成と,その定義や命題それぞれを具体的に扱っている本書の章番号を右に示す。本書では,ニュートンがいちばん主張したかったことがまとめられている第Ⅲ編から紹介する。
 ニュートンがプリンキピアにて示した定義や命題は,以下の例のように罫線で囲み太字で示した(一部,罫線の囲みのない太字のみ)。また,罫線の囲み内の細字は,著者による注釈や補足となっている。

例

命題5

 木星の衛星も,土星の衛星も,そして太陽に対する惑星も,それぞれ木星,土星,そして太陽の重力に引かれて直線運動からそらされ,円運動あるいは楕円運動をしている(そしてこの命題の系の中では,重力の一般性が主張される)。

 また,こうした命題などに続く 解説 や[注]が,著者による説明である。

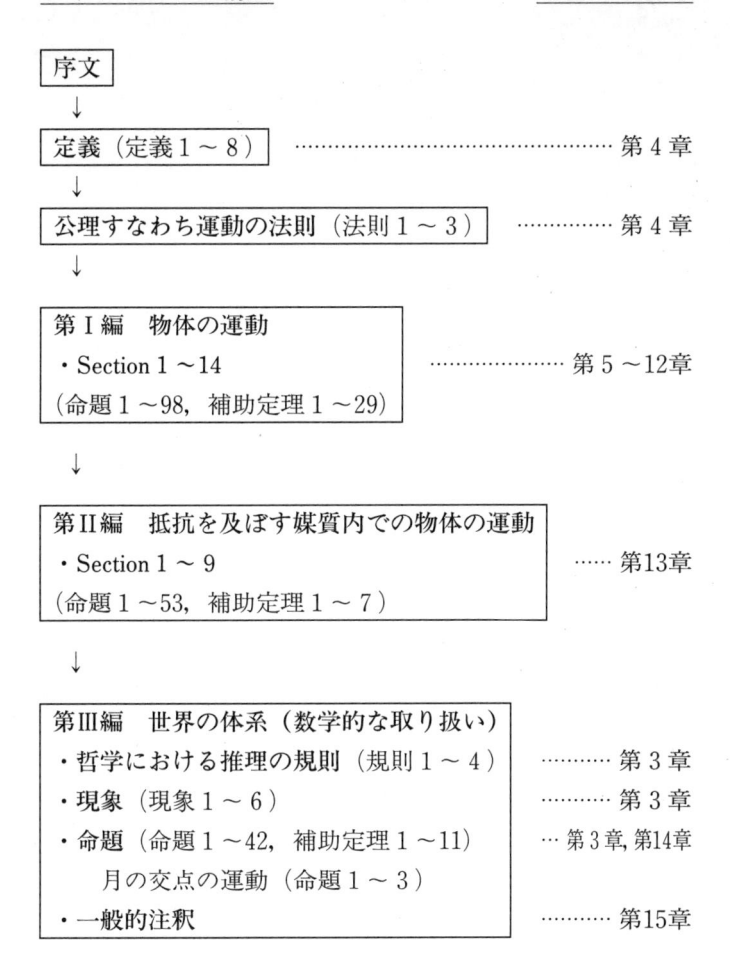

プリンキピアと本書の構成

プリンキピアの構成 　　　　　　　　　**本書の章番号**

```
┌──────┐
│ 序文 │
└──────┘
   ↓
┌──────────────────┐
│ 定義（定義 1 ～ 8 ）│  ………… 第 4 章
└──────────────────┘
   ↓
┌──────────────────────────────┐
│ 公理すなわち運動の法則（法則 1 ～ 3 ）│ ………… 第 4 章
└──────────────────────────────┘
   ↓
┌──────────────────────────┐
│ 第 I 編　物体の運動             │
│ ・Section 1 ～ 14              │ ………… 第 5 ～ 12 章
│ （命題 1 ～ 98，補助定理 1 ～ 29）│
└──────────────────────────┘
   ↓
┌──────────────────────────────────┐
│ 第 II 編　抵抗を及ぼす媒質内での物体の運動 │
│ ・Section 1 ～ 9                        │ …… 第 13 章
│ （命題 1 ～ 53，補助定理 1 ～ 7 ）        │
└──────────────────────────────────┘
   ↓
┌──────────────────────────────────┐
│ 第 III 編　世界の体系（数学的な取り扱い）    │
│ ・哲学における推理の規則（規則 1 ～ 4 ）   │ ………… 第 3 章
│ ・現象（現象 1 ～ 6 ）                   │ ………… 第 3 章
│ ・命題（命題 1 ～ 42，補助定理 1 ～ 11）   │ … 第 3 章, 第 14 章
│ 　　月の交点の運動（命題 1 ～ 3 ）         │
│ ・一般的注釈                             │ ………… 第 15 章
└──────────────────────────────────┘
```

15

第1部
プリンキピアとは

$$F = G\frac{Mm}{r^2}$$

$$F = G\frac{Mm}{r^2}$$

$$F = G\frac{Mm}{r^2}$$

$$F = G\frac{Mm}{r^2}$$

第1章　プリンキピア誕生まで

1. ウールスソープで

ニュートンは，ガリレオが亡くなった 1642 年に，ウールスソープ（ロンドン北方 200 km ほど，リンカンシャー地方にある農村）の小地主の家に生まれた。16 歳のときまで学校で学んだが，いったんは家業をつぐ。しかしそれにまったく関心を示さず，ケンブリッジ大学のトリニティ・カレッジ出身だった牧師の叔父たちの配慮もあって，トリニティ・カレッジで学ぶことになった（ケンブリッジ大学は宿舎も兼ねる幾つかのカレッジの集合体であり，トリニティ・カレッジはその中でも最も由緒あるものの一つ）。

その当時の大学での講義は，古代ギリシャの学問，特にアリストテレスが打ち立てた体系を学ぶことが中心だったが，図書館ではデカルトやガリレオたちによる新しい学問についての本を読むこともできた。地球が太陽のまわりを回る惑星であるという地動説は，すでに多くの人々の知るところとなっていた。

その当時のニュートンのノートには，「プラトンもアリストテレスもわが友なれど，真実こそは，より大いなる友なり」という書き込みがある。これはアリストテレスの，「プラトンはわが友なれど，真実こそは，より大いなる友なり」という発言をもじったものだが，従来の考え方から脱却すべきだという，その当時のかなりの人々が持ち始めていた意識を，ニュートンも学生時代から抱いていたことがわかる。

1665年，ヨーロッパにはペストが流行していた。ケンブリッジ大学も疫病対策で閉鎖され，ニュートンは故郷のウールスソープに一時帰省をした。そこでの約1年半，彼は研究を進め，その成果はその当時の最高の学問を凌駕するまでになる。デカルトの影響を受け，方程式による曲線や曲面の分類，無限級数の理論などを発展させ，微分積分という概念を確立した。

リンゴが落下するのを見て万有引力という概念を考えついたという逸話もこの時代のことである。これはニュートンを回顧した人の記録の中に残っている話なので真偽ははっきりしないが，彼は地球上の物体に働く力と，地球が月に及ぼしていると思われる力を比較して，その力が距離の2乗に反比例するならば（以下，「逆二乗則」という），同じ力とみなされるという計算をしている（1666年）。いわゆる万有引力の法則である。一定の加速度で落下する等加速度運動はすでにガリレオによって分析されていたが，加速度の大きさが場所によって変化する，一般の運動の学問が始まったのである。力による軌道の決定という発想自体も確立していなかった時代の話である。今から考えると，これが近代科学の始まりだったといえるかもしれない。

2．プリンキピア出版まで

しかし，この本で紹介するプリンキピアが出版されたのは，それから21年後の1687年であった。その間のことを簡単に紹介しよう。

1667年大学が再開され，彼は教授職を得た。研究を続けたが，それらを発表することはほとんどなかった。ときに，

上司の立場にいたアイザック・バローにその成果を話し、バローがロンドンに行ったときにそれをほかの学者に語るということがあり、ニュートンの名前は少しずつ知られるようになった。ニュートンは光に関する研究もしており、その当時の世界最高の屈折望遠鏡に匹敵する反射望遠鏡を発明したが、それをロンドンにもっていき人に見せたのもバローである。

イギリスでのその当時の学者の交流の中心は、1662年に有志によって作られたロイヤル・ソサエティというものだった（通常、王立協会と訳されるが国王から資金が出ていたわけではない）。ロイヤル・ソサエティは1665年以来、科学に関するさまざまなニュース、エッセイ、論文などを掲載する「フィロソフィカル・トランザクションズ」という雑誌を発行していた。反射望遠鏡のことを知ったその雑誌の編集長は、それに関する論文を寄稿するようにニュートンに依頼した。

それに対してニュートンは、太陽の光はさまざまな色をもつ光の集まりであることを示す、歴史的にも非常に有名になっている、プリズムの実験の報告と考察を送った（1672年）。実験自体はすでにウールスソープにいたときに行われたものである。

その当時、そもそも光とは何なのかという議論が活発に行われており、ニュートンの考えはその多くとは相容れないものであった。そのため、以後しばしば彼の論敵となるロバート・フックからのものも含め、多くの批判を引き起こした。ニュートンは激しく反論もしたが、自分の知識を発表したことに対して深く後悔し、孤独な研究生活に戻る。そのころ、

彼は錬金術に深く傾倒していたことも、最近公表された彼の遺稿の研究からわかっている。しかしそれについては彼は、いっさい、口外しなかったようである。

1680年の暮れ、巨大な彗星が出現した。それはまず11月に夜明け前にうっすらと現れ、いったん姿を消し、12月になって、はっきりした長い尾をもった姿で数ヵ月夜空に輝き続けた。11月に現れた天体と、12月以降に世間を騒がせた彗星はじつは同じ天体ではないかと気づいた一人が、グリニッジの王立天文台長のジョン・フラムスティードである（2年後の1682年に出現した彗星が次にいつ出現するかを予測し名を残したエドモンド・ハレーは彼の助手であった）。フラムスティードは、この彗星が最初は太陽に引きつけられ、しかし接近したときに反発力を受けて方向転換をしたと考えられないかとニュートンに手紙を送った。そしてその力の原因として、引力の場合も反発力の場合もある磁力を想定した。実際、その当時、通常の惑星が太陽のまわりを回るのも磁力が原因なのではという考え方があったのである。

それに対してニュートンは、高熱をもつ太陽に強い磁力があるはずがないと答えている。磁石は一般に、熱するとその磁力を失うからである。そしてもしこの11月と12月の2天体が同一の天体だとしたら、太陽から常になんらかの「引力」を受けながら、（地球から見て）太陽の向こう側を旋回して戻ってきたのではという可能性を指摘した（図1-1）。天体間に働く重力、そしてそれによって軌道が曲がるという、力学の基本概念を彼が語ったとされる、最も古い記録である。

もっともこのような考え方はその当時、何人かの人々がも

図 1-1

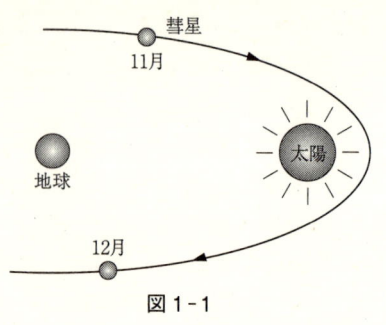

ち始めていたようである。フックも 1679 年に，一般に惑星の運動をそのように考えられないかとニュートンに意見を求める手紙を書いている。これに関する手紙の交換も結局は 2 人の間に争いをもたらした。このときの 2 人の間のやりとりは，プリンキピアが出版される際に，「この本のアイデアはフックから得た」という謝辞を付けるようにとのフックの要求に結び付いたのだが，ニュートンは断固として拒否した。

プリンキピアでの記述によれば，惑星と太陽との間の力が距離の 2 乗に反比例する（逆二乗則）とすれば惑星の軌道は楕円になる，ということをニュートンが証明したのはこのころのことである。しかしその後 5 年間，この成果は発表されていない。

ロンドンにいたハレー，フック，そして建築家としても有名なクリストファー・レンの間でも，惑星と太陽との間の力が逆二乗則にしたがうのではという話がもちあがっていたことが，ハレーからニュートンへの書簡の中に書かれている。重力の逆二乗則はケプラーの第 3 法則から推定はできるが（128 ページ参照），どれだけの根拠でそのような推定をしたのか記録は残っていない。またそのことを使って，惑星の軌

道が楕円になることは誰も証明していない。誰も，その証明に必要な数学的知識および能力をもっていなかったからである。

ニュートンならばと考えたハレーは1684年にケンブリッジのニュートンを訪ねた。ニュートンは，自分はすでに証明をもっていると答え，その数ヵ月後に，5年前の計算に基づく短い論稿をハレーに送った。ハレーはすぐにニュートンと会い，この内容の正式な論文を発表するようにと説いた。そしてニュートンによる，『自然哲学の数学的原理』，通常は『プリンキピア（ラテン語だが英語では principle，すなわち原理という意味）』と呼ばれる本の執筆が始まった。

3つの編からなるその本の第I編は1686年4月に完成した。ハレーはロイヤル・ソサエティの書記としてすぐにその出版に取りかかる。その過程でフックとの衝突などがあったのはすでに述べたとおりである。いずれにしろハレーの個人的な献身もあり，1687年7月に全編が完成する。

3．ニュートンのなしとげたこと

ハレーは，この本は「コペルニクスの仮説の数学的な証明」であると宣伝した。地動説の数学的な証明だということだろう。そのような言い方は間違いではないが，この本全体を見れば，その目指したところはもっと壮大だというべきである。

プリンキピアではまず，物質の量，運動の量，力などの用語が定義される。そのころ登場しつつあった考え方とはいえ，新しい学問を確立するのだから，まず概念の明確化から始めなければならなかった。次に3つの法則が続く。いわゆ

るニュートンの運動の法則である。それに続いてさまざまな命題，定理，補助定理が整然と続く。その中では，逆二乗則の力のもとでの惑星の運動のみならず，地球の変形，歳差運動（自転軸の方向の回転），月の運動，潮汐，抵抗を受けた物体の運動，彗星の問題など，さまざまな力学の問題が扱われる。運動の法則，そして万有引力という力が，単に惑星の軌道の問題ではなく，森羅万象さまざまな現象の背後にあることを明らかにし，自然界の仕組みを明らかにしていくのである。プリンキピアは全体として，新しい自然観を打ち立てたのである。

　もちろん，彼がすべてのことを自分で思いつき，すべての問題を解決したというわけではない。彼に影響を与えた重要な人物はデカルト，そしてガリレオである。デカルトは慣性の法則や物体の衝突などを議論していた。ガリレオは等加速度運動を研究し，また望遠鏡を使って月や惑星などを観察した。月面を見て，ここにも地球上と同じような世界が広がっていると書き残している。月面にも山があり，そこに太陽の光によるものと思われる影が広がっている。月面上の自然界も，地球での自然界と同様の原理が働いていると思わせる現象であった。月や惑星の運動と，地上でリンゴが落ちる現象を同じ重力という原理で説明しようとしたニュートンの信念は，その直前のガリレオの時代に登場した発想に基づいている。

　プリンキピアによって地動説は完全に勝利した。地動説は地球に，天体のひとつである（ひとつにすぎない）という位置づけを与えることになった。ときに誤解されることがあるが，これは必ずしも地球の位置をおとしめたことにはならな

い。天動説は地球が宇宙の中心であるとするが，地球が宇宙の中で特別に優れた位置であると考えられていたのではなく，むしろ宇宙の「堕落した」ものが落ちていく場所であり，聖なるものは遠方の天上にあると考えられていたからである。

　さらにプリンキピアによって，物体の動きは数学によって厳密に記述されることが明らかになった。宇宙のことが基本法則から出発し，数学的考察によって理解できることを示したのはニュートンが初めてだといってよいだろう。つまりプリンキピアは近代の自然観の出発点であるばかりでなく，近代科学の出発点でもある。

　しかしそこで使われた数学は，我々が学校教育で学ぶ数学とはややおもむきが違う。それが，現代人にとってプリンキピアを難解な書物にしている。しかし明確な論理に基づく議論なのだから，一歩ずつ進んでいけばわからないはずはない。そのための著者の試みの成果を，読者の皆さんにも共有していただきたいと考えて書いたのがこの本である。

第2章　知識に関する時代背景

　プリンキピア執筆の経緯については前章で説明したが，ここでは科学的な内容についての具体的な話をしておこう。ニュートンがプリンキピアを執筆するとき，どのような科学的知識を前提にして考察を進めたかという，科学的な時代背景の説明である。

1．ケプラーの3法則

　天動説は，地球を宇宙の中心とし，太陽や惑星がその周囲を円運動するというものだが，単純な円運動だけでは惑星の動きをうまく説明できないので，円運動の複雑な組み合わせで考えていた（図2-1）。円は完全な図形であり，天体は円

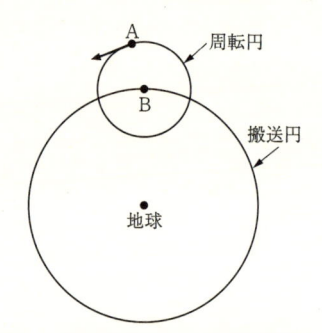

図2-1　天動説における惑星の運動
惑星Aは周転円上を動くが周転円の中心Bは搬送円上を動く。
実際にはさらに多くの円を組み合わせて観測データと一致させていた

を基本とする運動をするという,内在的な性質をもっているとの,アリストテレス的自然観に基づいた考え方であった。

それに対してコペルニクスは,惑星が太陽のまわりを回っているという地動説を提示したが(1543年),円運動にはこだわった。観測データと合わせるためには,やはり惑星の軌道を円運動の組み合わせとして考えなければならなかったので,従来の天動説よりも優れた理論とはいいがたかった。

その後のティコ・ブラーエの精密な観測結果をもとに惑星の軌道を突き止めたのはケプラーである(1609年および1618年に公表)。かなり後になって付けられた名称ではあるが,彼の主張はよく,「ケプラーの3法則」という名称で呼ばれる。それらは,

---

第1法則 惑星の軌道は,太陽の位置を1つの焦点とする楕円(長円)である。

第2法則 惑星と太陽を結ぶ線分が単位時間に描く面積は,一定である(面積速度一定の法則)。

第3法則 惑星の公転周期の2乗と,軌道の長半径の3乗の比率は惑星に依存しない一定値である(公転周期は長半径の $\frac{3}{2}$ 乗に比例するということ)。

簡単な説明をしておこう。円とは,ある点(中心)からの距離が一定の点の集合として定義される。一方,楕円とは,2点からの距離の和が一定の集合として定義される(図2-

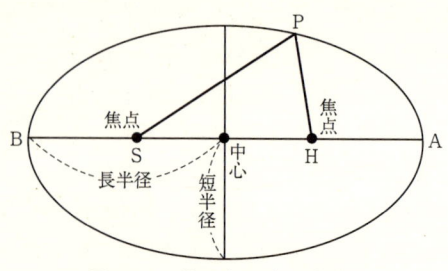

図2-2 楕円（長円）の定義

楕円とは2つの点S, Hからの距離の和が一定の点Pの集合（SP＋HP＝一定）。PがAに一致するときは，SA＋HA＝SA＋SB＝AB（＝長半径の2倍）

2）。この2点を楕円の焦点と呼ぶ。惑星の軌道は楕円であり，そのいずれかの焦点の位置に太陽があるというのが，第1法則の主張である。

また，2つの焦点の中間の点を楕円の中心という。中心から楕円までの最長距離を長半径（あるいは長径），最短距離を短半径（短径）という。2焦点からの楕円上の点までの距離の和は長半径の2倍に等しい。それは，長半径上の点を考えれば確かめられる（図2-2の説明参照）。

楕円とは，円を一定方向に，ある割合だけ引き伸ばしたものとして定義することもできる。まず半径が短半径に等しい円を考え，それをある方向に，「$\dfrac{長半径}{短半径}$」倍引き伸ばせばよい。

次に第2法則だが，図2-3で，単位時間（ある一定の時間）に惑星がAからBまで動いたとしよう。そのときの，斜線で表した図形SABの面積（Sは太陽の位置）を面積速

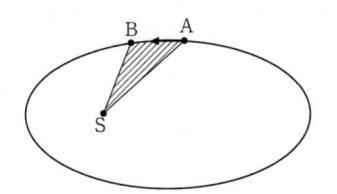

図2-3 点Sから見た面積速度
物体が単位時間に点AからBへ動いたとき，Sと結んだ線が描く部分の面積

度と呼ぶ。この面積速度は，惑星がどこにあっても変わらないというのが第2法則である。惑星は太陽に近いときには速く動き，太陽から遠いときには比較的ゆっくりと動くことになる。もし惑星の軌道が太陽を中心とする円だったら，面積速度一定とは，惑星の動きは等速だということにほかならない。

第3法則は，各惑星ごとに，

$$\frac{(公転周期)^2}{(長半径)^3} \qquad (*)$$

という比率を計算すると，どの惑星でもほとんど同じ値になるという，少し奇妙な法則である。たとえば木星は太陽のまわりを1周するのに約11.86年かかるが，長半径で比べると，地球よりほぼ5.20倍遠方にある。したがって地球の公転周期を1，長半径を1として木星の（*）を計算すると，

$$\frac{11.86^2}{5.20^3} = \frac{140.6596}{140.608} \fallingdotseq 1.000$$

となり，木星と地球では（*）の値がかなり正確に一致することがわかる。他の惑星でもほぼ同様である。

ケプラーは，惑星に関するデータから何か宇宙の秘密を見つけられないかとさまざまな比率を計算して，この規則性を発見したようである。しかし当然のことながら，この規則性が何を意味するかは彼にはわからなかった。あとで（128ページおよび153ページ），これは万有引力の大きさが距離の2乗に反比例する結果であることを示す。

ついでにもうひとつ，本書の内容の予告になるが，第2法則は，惑星の運動が太陽の引力によるものであることを意味する（第6章参照）。

2．アリストテレスの運動論から慣性の法則へ

地動説はニュートンによって理論的に裏付けられたといえるが，それ以前の天動説にも，それを理論的に裏付けていた考え方があった。それは古代ギリシャ以来の，特にアリストテレスによる体系である。

力学に関連した部分に限って説明すれば，アリストテレスの体系では天体の動きと地上の物体の動きは別個の原理にしたがっていると考えられていた。天体はその本来の性質として，最も神聖な図形とみなされた円を基本とする軌道上を動くと考えられた。また，地上の物体はその本来の性質として，地球の中心（すなわち天動説によれば宇宙の中心）に戻ろうという動きをするとみなされた。このような動きを「自然運動」と呼ぶ。物体が外部から作用を受ければ，たとえば物体に力を加えて投げれば，その効果はしばらくは続いて物体はその方向に動き続けるが（「強制運動」と呼ぶ），その傾向は次第に消滅し，結局は自然運動に戻るとされた。

そのような考え方は明らかに地動説とは合わない。地動説

では地球は宇宙の中心ではない。惑星の軌道は円ではない。地球が宇宙空間を高速で動いているとすれば，地上の物体もそれといっしょに高速で動いていることになる。何が物体を動かしているのか。なぜ我々はそれを感じないのか。

そこで登場したのが，デカルトやガリレオによる「慣性」という概念であった。物体の本来の動き，つまり外部から何も影響を受けていないときの動きは，宇宙中心への落下運動ではなく，等速でまっすぐ動き続ける運動，つまり等速直線運動であるという考え方である。

彼らに影響を与えた理論として，地動説が提唱される前から，物体が運動するのはインペトゥスと呼ばれる性質をもっているからであるという主張があった（14世紀のビュリダンから始まると言われている）。インペトゥスは動いている物体に内在する性質であり，現代の物理学でいう運動量あるいは運動エネルギーに似ている点もある。インペトゥスの量は外部から作用を受けなければ不変であり，したがって作用を受けなければ物体や天体は等速で動き続けると主張された（ただし直線運動とは限らない）。落下物体が加速されるのは，地球によりインペトゥスが与えられるからだとされた。

ガリレオはインペトゥス理論から大きく影響を受けたが，インペトゥスの存在は否定した。彼は，物体が静止しているという状態と，等速で動いているという状態は，インペトゥスといった量の有無によって区別されることはなく，本質的に同等な状態であると考えた。これは現在，ガリレオの相対性原理と呼ばれている考え方に結び付く。たとえば，大きな船の内部の壁で隔てられた一室の中で起こる現象は，船が等速で動いている限り，地上で見られる現象と同じであると指

摘した(『天文対話』1632年)。現在では,列車や飛行機を考えればよいだろう。それらが等速で動いている限り,中の人間は外を見なければ動いているという感覚はもたない。つまり2つのものが互いに相手から等速で動いている場合には,どちらが絶対的に静止しているかは判定できない,ということである。

この考え方は地動説にとって都合がいい。地球上の物体は地球全体といっしょに宇宙の中をほぼ等速で動いているが,もしそれが完全に等速ならば,全体が静止している状態と同等なので,我々は地球の動きを感じないことになる。

実際の地球の動きは直線運動ではなく,自転や公転はほぼ円運動である。そこでガリレオは最初は,直線慣性ではなく円慣性,つまり外部から作用を受けない物体は等速円運動をすると主張していた。彼はコペルニクスの地動説は知っていたがケプラーの法則は知らなかった。しかし晩年には直線慣性に意見を変えていたと推定されている。地球の動きは非常に大きな円なので曲がり具合は小さく,動きはほぼ直線であるとしてよい。ただし,その曲がり具合の効果が地球の重力の1%未満であることを示したのは,後のニュートンである。

3. 運動の3法則とガリレオの落下の法則

一般に力学の基本法則とされるのは,ニュートンの運動の3法則と呼ばれる,次の3つの法則である(これはプリンキピアでは,用語の定義の次,そして第I編が始まる前に書かれている:本書の第4章)。

> **運動の第1法則（慣性の法則）** すべての物体は，加えられた力によってその状態が変化させられない限り，静止あるいは一直線上の等速運動の状態を続ける。
> **運動の第2法則** 運動の量（＝質量×速度，現在は運動量という）の変化は，加えられた力に比例し，その力の方向を向く。
> **運動の第3法則（作用反作用の法則）** すべての作用（＝力）に対して，それと大きさが等しく反対向きの反作用が存在する。すなわち，2つの物体の間で互いに働き合う相互作用は常に大きさが等しく，反対方向を向く。

　第1法則（慣性の法則）がニュートン以前から提唱されていたことはすでに説明した。次の第2法則は，この3法則の中でも最も重要なものだが，ニュートンはプリンキピアの中で，この法則を発見したのはガリレオであると述べている。現代の我々は，ニュートンの運動の法則とはいうが，これをガリレオの法則だとはいわない。

　ガリレオは物体を斜面に沿って転がしたとき，転がった距離は転がり始めてからの時間の2乗に比例すると述べている。斜面の傾きを変えても同じであり，したがって垂直落下の場合も同様の法則が成り立つと彼は主張した。また同じことだが，速度は落下距離の平方根に比例して増加するとも主張した。これは速度が落下時間に比例して増加することを意味する。これらがガリレオの落下の法則（あるいは落体の法

則）である。発表されたのは1638年出版の『新科学論議』だが，それよりかなり前に彼が実験をした，1604年ごろのメモが残っている。この落下の法則については，デカルトも同じ主張をしている。またガリレオもデカルトも，落下運動と水平方向の動きを組み合わせて，任意の方向に投げられた物体の軌道が放物線になることも証明している。

ここで高校物理の簡単な復習をしておこう。直線上の運動を考える。運動の方向をx軸とし，運動の出発点（速度ゼロ）の位置を$x=0$，そのときの時刻を$t=0$とする。加速度が一定値aであるとすると，速度は各単位時間ごとにその割合で増えていくのだから，時刻tでの速度は，

$$v = at \quad (*)$$

である。これから移動距離を求めるには，t-v図の面積を考えればよく（図2-4），

$$x = \frac{1}{2}at^2 \quad (**)$$

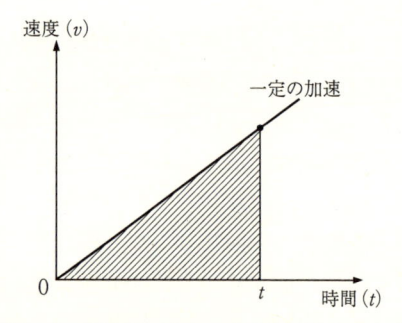

図2-4 速度ゼロから一定の加速をしたときの速度の変化
斜線部分の面積が時間tだけ動いたときの距離x

である。面積によって移動距離が得られることは高校の教科書にも説明されているが、プリンキピアでも説明されているのであとで紹介する（113ページ参照）。大学の授業では、位置の変化率（微分）が速度である、すなわち $\frac{dx}{dt} = v$ という式から、式（*）と式（**）の関係が説明される。

ところで落下運動の場合、地表付近だけを考えれば加速度はほぼ一定である。したがって前記の式の x を落下距離だとみなせば、これらはガリレオの落下の法則にほかならない。しかしガリレオのこの法則に対する見方は現代と同じではない。現代流では、落下のとき物体は（地表付近では）ほぼ一定の重力を受け、したがってほぼ一定の加速度をもつと考える。一方、ガリレオの見方は、自然運動では物体は単位時間ごとに一定の速度を加えるので、速度は（*）のようになるという発想である（最初は間違って、「単位距離」ごとに一定の速度を加えると考えていた）。つまり力や加速度という概念はなく、したがって力の大きさや方向が変わるような一般的な状況に拡張できるような法則ではない。しかし一般的な状況でも非常に微小な時間間隔ならば加速度はほぼ一定と考えてよく、ニュートンはそのような意味で、前記の式（**）を一般的な運動の法則ととらえた。

4．デカルトの渦動説とケプラーの磁力説

地動説が登場し、アリストテレス的な、天体の自然運動という発想に疑いがもたれ新しい考え方が登場したが、それらの発展の結果がニュートンの理論だという単純な図式ではない。特に、ニュートンが戦わなければならなかったのが、そ

の当時有力であった「機械論」という,デカルトなどの考え方であった。

デカルトらは,自然全体が1つの機械であるという発想をもった。ネジがまかれるとあとは自分で動く機械時計のように,宇宙も人体も,自然は1つの時計仕掛けのようなものだと考えた。物体の振る舞いを,それぞれの固有の性質や目的によって説明しようとしたアリストテレスの体系に対抗した考え方である。機械が歯車の嚙み合いによって動かされるように,物体も互いに接触して押し合うことで動く。惑星の運動に関しては,宇宙空間には物質が充満しており,それらが押し合うことで発生する渦巻きが天体を動かしていると主張された。これがデカルトの渦動説である。

一方で,機械論とも,アリストテレスの体系とも異なる,ルネッサンス自然主義,あるいは俗に自然魔術とも呼ばれる思想もあった。それは,すべての物体は生命体と同様に能動的な作用をするという考え方である(単に押されて動くという受動的な作用だけではないということ)。自然の中では,人間の目に見えない「隠れた力」が働いていると主張され,たとえば占星術では,天体の動きが人間の運命に直接作用すると考えられた。錬金術も同様の発想に基づく営みである。当然,機械論者たちの強い批判の対象になった。「オカルト(隠れた)」という言葉は非科学的な態度を批判する用語として使われた。

しかしこのような自然魔術の中から,実証に基づく科学が誕生してきたのも事実である。その典型がギルバートの磁石論である。彼は医師であったが,静電気や磁石の研究を行い,地球全体が1つの巨大な磁石であることを明らかにし

た。通称『磁石論』という書物が出版されたのは1600年のことであった。

　磁力は，空間的にへだたっている2つの磁石の間に働くが，人間の目には媒介するものがあるようには見えない。このような力の働きを遠隔作用と呼ぶが，まさに「隠れた力」である。地動説を知ったギルバートは，地球がもつ磁性が地球自体の運動を引き起こすと考えた。

　磁力を使って惑星の運動を説明しようとしたのがケプラーである。彼は地上の物体が地球に引きつけられるのは磁力のためだと主張した。そして惑星が太陽のまわりを回るのは，太陽を源泉とする磁力のためであるとも主張した。太陽からの働きにより惑星が動くという，遠隔作用に基づく力学的な発想をしたのは，ケプラーが最初だといってよいだろう。

　このような考え方は，磁力と重力とを置き換えればニュー

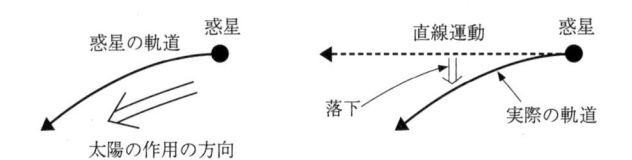

a) ケプラー的見方
太陽が惑星を軌道方向に動かす（振り回す）

b) ニュートン的見方
惑星は直線運動をしようとするが，太陽の作用により太陽方向に落下する

図2-5　ケプラー的見方（左図）とニュートン的見方（右図）

トンの主張にも近いが、根本的な違いは、ケプラーは慣性の法則を知らなかったことである（ガリレオやデカルトが慣性の法則を提唱したのと、ケプラーがこのような議論をしたのはほぼ同時期であった）。慣性の法則を考えれば、動いている惑星は、何も力を受けなくてもそのまま動き続ける。つまり説明しなければいけないのは惑星が動いていることではなく、惑星は太陽から遠ざからずに、たえず太陽方向に落下している（その結果として公転運動をする）、ということである（図2-5）。このような発想ができなかったので、ケプラーは万有引力の法則を発見することはできなかった。しかし遠隔作用（隠れた力）、そして太陽からの作用という発想をもたらした、ギルバートからケプラーへの磁力説の流れは、17世紀後半のニュートンの登場に大きな影響を与えることになる。

第3章 「世界の体系」への道 ……プリンキピア第Ⅲ編前半

　ニュートンの天才に触れるには，第Ⅰ編や第Ⅱ編のさまざまな命題の証明を読むのが一番だし，それなしにはプリンキピアの真髄はわからない。しかしニュートンがこの本でいちばん主張したかったことがまとめられているのは第Ⅲ編である。

　ここで彼は，太陽系のさまざまな性質が，万有引力という力を運動の法則に適用することによって説明できることを示す。単に惑星のことばかりでなく，月，そして土星や木星の衛星についても考察し，地上での物体の運動と比較する。つまり，地動説という新しい世界像と，それを説明する自然観を提示し，すでに大きくゆらいでいた古代ギリシャからのアリストテレス的世界像にとって代わる新しい世界観を打ち立てたのである。それをまとめたのが，「世界の体系（The System of the World）」という表題の第Ⅲ編である。

　本書ではプリンキピアの順番を変え，最初に第Ⅲ編の42個の命題のうちの命題14までを紹介する。そこまでで，太陽系の運動がどのようにして生じているのかが示される。その議論の中で，第Ⅰ編で証明したいくつかの命題が引用されるが，ここでは必要に応じて命題の結論だけを紹介する。

　第Ⅰ編の諸命題の証明のすばらしさを味わうのがプリンキピアを読むときの醍醐味だが，理解するのに時間と集中力を必要とする部分も多い。もちろん，それを大きな目的として本書を書いたのだが，最初からすべてを読み通すのは難しい

だろう。万一,第Ⅲ編にたどり着く前に挫折したとすれば非常に残念なことである。そこでまず,数学上の難しさが比較的少ない第Ⅲ編前半から読んでいただき,まず,プリンキピアでニュートンが何を目指したのかを考えていただきたいと思う。そのうえで他の部分に戻れば,何を目的としてこのような難しい問題を考えなければならないのか,その意義がいっそう,理解できるのではないだろうか。

1. 第Ⅲ編への導入:「哲学における推理の規則」

　第Ⅲ編の主要部は42個の命題である。それらは前の2編のようには章に分けられていない。42個の命題を通して,万有引力の法則の確立とその現実世界への応用に関してさまざまな議論がなされる。しかしそれらの命題の説明に入る前にニュートンは,「哲学における推理の規則」,および「現象」という,2つの短い項目を置いている。まず,これらの説明から始めることにしよう。

　最初の「哲学における推理の規則」では,ニュートンの姿勢そのものが提示される。プリンキピアでニュートンが目指しているのは,まだ確立していない,新しい考え方を打ち立てることであった。新しい概念,新しい発想が登場するので,多くの人からの反発が予想された。そこでニュートンは最初に,新しい概念,発想を採用する際の論理の根拠を提示する。ここは数学的な議論は何もないところなので,私の解説を読むよりは原文を読むのが一番かもしれないが,私なりの簡単な解説も記しておく。なお,ニュートンがプリンキピアで示した規則や命題,注釈などについては,**罫線で囲んで太字で表記している**(一部,太字のみ)。

第3章 「世界の体系」への道……プリンキピア第Ⅲ編前半

規則1

自然現象の原因は，それらの諸現象を真にかつ十分に説明するもの「以外」を認めるべきではない。

解説 そして，「自然は単純を喜び，よけいな原因で飾り立てることを好まない。より少ない説明ですむときに，より多い説明は無駄であると哲学者はいう」と続ける。

このような発言をしたとして有名なのは，1285年ごろにイギリスに生まれ，後にドイツに渡った修道士かつ哲学者オッカムである（オッカムとは出身地名であり，William of Ockham が，より正式な名前らしいが，通常オッカムと呼ばれている）。「必要なしに多くのものを定立（提出）してはならない」として当時の哲学を批判したので，この主張を「オッカムの剃刀（かみそり）」と呼ぶ。

ニュートンはなぜこのような主張を第一にあげたのだろうか。その理由のいくつかは，以下に続く規則から推測される。

規則2

ゆえに同種の現象については，できるだけ同じ原因をあてがわなければならない。

解説 例として，人間の呼吸と獣類の呼吸，ヨーロッパでの石の落下とアメリカでの石の落下，地球での光の反射と惑星での光の反射，などがあげられている。

- 規則3

　物体の諸性質のうち，少なくとも我々の実験の範囲内ではすべての物体に属することが知られているようなものは，ありとあらゆる物体の普遍的な性質とみなされるべきである。

解説　そのような性質の例としてまず，物体の広がり，硬さ，可動性（動けるということ），慣性をあげた後，「万有引力」の存在も同様であると論じる。重要な部分なのでほぼ原文どおりに記すと，

「地球の周囲のすべての物体が地球に向かって引かれ，その力はそれぞれの質量に比例し，月も同様にその質量にしたがって地球に引かれ，一方では海は月に引かれ，すべての惑星は互いに引き合い，彗星も太陽に向かって引かれるということが明らかになったならば，物体という物体が，相互に引き合う性質を付与されていることを認めなければならない」

この文には多くの主張が記されているが，それらは以下，第III編の命題で証明あるいは説明される。

- 規則4

　諸現象を一般化することによって推論された命題は，どのような反対の仮説が考えられようとも，それらの仮説がよりいっそう正確なものとされるか，推論された命題に反する他の現象が見つかるまでは，真実，あるいはそれに近いものとみなされなければならない。

解説　仮説よりも実験観察に基づく推論を優先すべき，とい

うことである。

　以上の4つの規則はこの後の命題において引用され，推論の根拠とされる。法則というものは，それを裏付けるさまざまな観測事実があったとしても，絶対的に真実と断言することはできない。この4つの規則は，そのようなときにどんな態度を取るべきかに関する，ひとつの意見表明と見ることができる。

　そしてもうひとつ，プリンキピアにはあからさまには書かれていないのだが，惑星の運動の原因に関するその当時の論争が，ニュートンの念頭にあったのは間違いないだろう。その当時，離れている物体が力を及ぼし合うという考え方に抵抗感をもつ人々がかなりいた（36ページ参照）。そのような人々（たとえばデカルト）は，空間に充満する，目に見えない物質が惑星を動かしているという理論を展開していた。それに対してニュートンは，「距離の2乗に反比例する力が働く」という法則だけで現実が説明できるのだから，「それ以外のものを認めるべきではない。よけいな原因で飾り立てる必要はない」（規則1より）とし，「空間に充満する何か」といった必然性のないものを導入することを排除した。以上の4規則は，このような立場の正当化とみなすこともできる。

2．6つの「現象」

　その次に取り上げられているのは6つの現象である。万有引力の提唱にあたって，ニュートンがいかなる現象を根拠にしたのか，ということが記されている。惑星の運動に関するケプラーの3法則が重要であったのは間違いないが，第Ⅲ編

では惑星ばかりでなく，木星や土星の衛星，そして地球の衛星である月の話も頻繁に出てくる。重力が「万有な（universal）」性質であることを主張する際に，どれだけの根拠を持ち出したのか，あるいは持ち出せたのかという点が興味深い。

---- 現象1 ----
　木星のまわりの諸衛星は，木星から見たときに面積速度一定の動きをしている。またそれらの周期は，中心（木星）からの距離の$\frac{3}{2}$乗に比例している。

解説　プリンキピア執筆の時代は天体望遠鏡による観測が活発に行われ始めた。ニュートン自身も反射望遠鏡の発明者の一人として有名である。当時，木星の衛星としてはガリレオが発見した4個が知られていた。それらは木星を中心としてほぼ円軌道を描いていることが知られていた。つまり上では「面積速度一定」と書かれているが，ほぼ等速で動いている，ということである。また各衛星と木星との距離自体はわかっていなかったが，地球から見たときの各衛星と木星の方向の最大のずれ（最大離角）は誤差5％程度の精度で測定されていた（図3-1）。衛星ごとの角度の比率は，木星とその衛星との距離の比率にほかならないので，上記の法則を確かめるにはそれで十分である。そして周期は，やはり5％程度の誤差で距離の$\frac{3}{2}$乗に比例していた。衛星についてのケプラーの第3法則である。

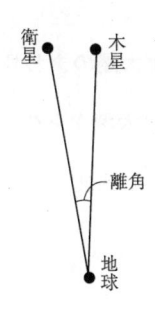

図 3-1 地球から見た木星とその衛星の離角

> **現象 2**
> 土星の衛星についても，木星の衛星と同じことが見られる。

解説 その当時，土星の衛星は 5 個知られていた。そして木星の場合（現象 1）と同様のことが確認されていた。

> **現象 3**
> 5 惑星（水星，金星，火星，木星および土星）は太陽のまわりを回っている。

解説 （地球より内側を回る）水星と金星については，月と同様に満ち欠けが観測されていたので，太陽のまわりを回っていることは明らかであった。火星にも部分的な満ち欠けがあり，また木星や土星では，その衛星が太陽に対して正面に来たときに，木星（土星）の表面に影ができることから，太陽に照らされている，つまり太陽系内の天体であることが確認できた。

- 現象 4 -
　5 惑星および地球が太陽のまわりを回っているとしたとき，それらの周期は太陽からの平均距離の $\frac{3}{2}$ 乗に比例する（ケプラーの第 3 法則）。

解説 ケプラーによって発見されたこの関係は，いまやすべての天文学者に受け入れられている，と書かれている。

- 現象 5 -
　惑星の運動は，地球を基準として見たときは面積速度が一定ではないが，太陽を基準として見ると面積速度一定である（ケプラーの第 2 法則）。

解説 このことは天文学者の間でよく知られている事実である，と書かれている。太陽から見たときに面積速度が一定である，ということは太陽から力を受けながら運動している，ということなのだが，それは以下の命題で説明する。

- 現象 6 -
　月の運動は，地球を基準として見たときに面積速度一定である。

解説 月は地球の重力を受けて動いているということである。太陽の影響のため月の運動が乱されることはニュートンも認識していたが，そのような目立たないずれは無視したうえでの話である，と述べている。

このように,まず木星や土星の衛星の話から始まり,次に惑星,そして月へと話が展開している。ニュートンはこれらの現象をもとにして万有引力の法則を確立していくのだが,その際にもこの順番で話が進む。

3. 万有引力の法則の確立(命題1〜命題9)

万有引力の存在を示すために,ニュートンはまず,木星や土星の衛星の話から入る。

―― 命題1 ――――――――――――――――――――
木星の衛星は,木星方向の力を受けており,その力は木星からの距離の2乗に反比例する。土星の衛星についても同様である。

[注] この力は衛星の質量にも比例するが,最初のいくつかの命題ではそれは前提とされている。質量に比例すること自体は,命題6で議論される。

解説 あとで詳しく解説する第Ⅰ編のいくつかの命題の結論を,ここで簡単に紹介しておかなければならない。

第Ⅰ編命題2

物体がある曲線上を動き,ある点からの面積速度が一定の場合,その物体はその点からの向心力を受けて動いている(面積速度は28ページ参照。向心力とは,その方向が常にある1点を向いている力を意味する。求心力あるいは中心力とも呼ばれる)。

第Ⅰ編命題4系6(系とはもとになる定理,あるいは法則から導かれるものである)

　いくつかの物体が共通の,ある点(中心)のまわりを等速円運動しており,それぞれの周期がその半径の$\frac{3}{2}$乗に比例しているとき(ケプラーの第3法則)は,それらの物体に働いている向心力は距離の2乗に反比例する。

　これら第Ⅰ編の命題を現象1に適用する。第Ⅰ編命題での物体を木星の衛星とし,「ある点」を木星の位置とすれば,ここの命題1の結論が出る。木星自体も実際には太陽の力を受けて動いているが,木星とその衛星全体が太陽の力により同じように加速されている場合には上記の第Ⅰ編の命題が適用できることも,運動の法則の系6(99ページ)で示されている。現象2より,土星の衛星についても同様である。(終)

　次に太陽と惑星の関係からその間の重力の存在を示すが,衛星の場合とはややニュアンスが違うことに注意。

命題2

　惑星は太陽方向の力を受けており,その力は太陽からの距離の2乗に反比例する。

解説 命題1の衛星の場合と同様に,現象5と上記の第Ⅰ編命題2から,惑星は太陽からの向心力を受けていることがわ

かり,現象4と前記の第Ⅰ編命題4系6から,力は距離の2乗に反比例することがわかる,とまず書かれている。

しかし惑星の軌道は円ではなく楕円であり,この系6は厳密には適用できない。楕円として考えるには,次の命題(第Ⅰ編の中心的命題)を考えればよい。

第Ⅰ編命題11
物体の軌道が楕円であり,向心力の中心がその焦点である場合,向心力は距離の2乗に反比例する。

第Ⅰ編命題15
いくつかの物体が,距離の2乗に反比例する共通の向心力により楕円運動をしている場合,その周期は,その長半径の$\frac{3}{2}$乗に比例する。

これらの命題を組み合わせると,次のような議論ができるだろう。まず,現象5と第Ⅰ編命題2(47ページの命題1の解説参照)から,惑星は太陽から向心力を受けていることがわかる。そして,惑星の軌道がほぼ楕円であること(ケプラーの第1法則)と上記の第Ⅰ編命題11を使えば,その力が距離の2乗に反比例することがわかる。また現象4と第Ⅰ編命題15からも,その力が距離の2乗に反比例することが推定される。

命題1と同じ流れで説明すれば,命題2の説明は以上のようなものになるはずだが,ニュートン自身による命題2の説明には,じつは別のことが議論されている。それは遠近日点

の移動という現象である。遠日点，近日点とは楕円軌道のうち，惑星が太陽から最も遠い位置，あるいは最も近い位置であり，楕円の長軸方向の2点のことである。惑星の軌道はほぼ楕円なのだが，精密に測定すると，遠近日点の位置が周回ごとに少しずつ変わっている。その変わり方は，楕円軌道の長軸の方向が回転している結果だとみなすことができる（図3-2）。

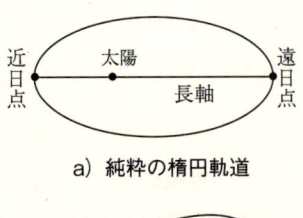

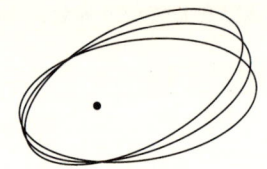

a) 純粋の楕円軌道

b) 現実の軌道

図3-2　惑星の楕円軌道の回転

周回ごとに長軸の方向が少しずつ変わる（実際には100年でも1度未満。ただし，月の場合はもっと速く，1ヵ月に3度ほど）

この，長軸方向の回転について議論しているのが第Ⅰ編 Section 9 である。そこでは，楕円が円形から大きくはずれていないケースに限定されるが，
(1)力が焦点からの距離の n 乗に反比例している場合，
および，

(2)焦点からの距離の2乗に反比例している力と，別のタイプの力（そのような法則を満たさない力）の和になっている場合に，

長軸方向がそれぞれどのように回転するか，という問題が議論される。(1)だとした場合，$n=2$（逆二乗則），および$n=-1$の力（距離に比例する力……たとえばバネの力）の場合にのみ長軸方向の回転が起こらず，むしろ長軸が回転するのが普通の状況であることが示される。

そして実際の惑星の長軸方向の回転は非常にゆっくりであることから，(1)だとした場合，nが2から外れているとしても，その違いはきわめて小さくなければならないと結論づけられる。たとえば，惑星ではないが月の場合は$n ≒ 2.016$といった非常に半端な数になる（以下の命題3参照）。したがって(1)だとするのは不自然であり，むしろ(2)だとするのがもっともらしく，そこでの「別のタイプの力」とは，別の惑星からの力，あるいは月の場合には太陽からの力ではないかと推定される。

軌道がほぼ楕円だということだけからも逆二乗則はいちおうはもっともらしいと推定されるが，厳密には軌道は楕円ではないので，もっと精密な議論が必要だとニュートンは感じたのかもしれない。結局ニュートンは，惑星では遠近日点の移動が非常に小さいので，太陽による向心力は距離の2乗に反比例すると「きわめて正確に証明できる」と主張する。

次に地球と月の関係を議論するが，地球には衛星が月しかないので，木星や土星でのようには，半径と周期のべき乗の比例関係を使った議論ができない。しかし遠近日点がどう動

くかという話は複数の軌道を比較する必要がないので，月の場合にも適用できる。

---命題3---
月は地球の中心から，距離の2乗に反比例する力を受けている。

解説 月の遠地点は，1周あたり3°3′（3度3分）ほど移動している（月の場合は太陽ではなく地球との距離が問題なので，遠日点ではなく遠地点という）。もしそれを，地球の力が距離の n 乗に反比例していることで説明しようとすれば，$n ≒ 2.016$ でなければならない（命題2の解説を参照）。しかしこのような数字は不自然である。実際，月の遠地点移動は太陽の影響とみなせることが示せ（186ページ），地球による力は $n = 2$（逆二乗則）と考えて構わない，というのがニュートンの論法である。（終）

月が地球のまわりを回っているということは，月は常に地球に向かって落下し続けているということでもある。次の命題はこの，月の落下と，地表での物体の落下が同じ力に基づくものであることを示すという，歴史的に見ても重要な意味をもった計算である（しばしば「月のテスト」と呼ばれる）。

---命題4---
月は地球の重力により，地球に向かって落下し続けている。

第3章 「世界の体系」への道……プリンキピア第Ⅲ編前半

解説 月を動かしている力は，地上の物体に働く重力と同じであるという主張である。ただしこの力は物体の質量に比例し，距離の2乗に反比例することを前提とした話である。力が質量に比例するのだから，加速度 $\left(=\dfrac{力}{質量}\right)$ は質量に依存せず，距離のみによって決まる。

月は地球を中心とした円軌道を描いているとする。月が1分間に移動する距離を s，そのときの落下距離を x，月と地球の間の距離を r とすると（図3-3），第Ⅰ編命題4より，$x = \dfrac{s^2}{2r}$ である（注参照）。

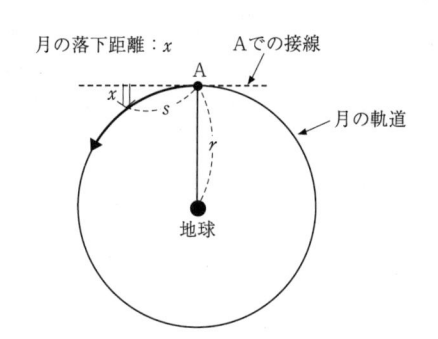

図3-3 月の地球への落下
月は地球に引っ張られ，s の距離を進むあいだに x だけ落下する

[注] 円運動とは，中心へ向かっての絶えざる落下運動であり，その落下の加速度は $\dfrac{速度^2}{半径}$ に等しい（127ページ）。さらに，一定の加速度 a の場合の時間 t における落下距離

x が $\frac{1}{2}at^2$ であることを知っていれば,$t = 1$ 分のときは速度(分速)$= s$ であることから,

$$x = \frac{1}{2}\left(\frac{速度^2}{半径}\right)(時間)^2$$
$$= \frac{1}{2}\left(\frac{速度^2}{半径}\right)(1 分)^2 = \frac{1}{2} \times \frac{s^2}{r}$$

が得られる。

ここでニュートンが利用したデータを紹介すると,
    月と地球の距離 = 地球の半径 × 60
    地球の周囲 = 123249600 パリフィート
        (1 パリフィートは 32.5 cm)
    月の公転周期 = 27 日 7 時間 43 分(= 39343 分)

これらを使い π を 3.1416 とすると,$s = 187962$ パリフィート,$r = 1176944232$ パリフィートとなり,結局,
    x(1 分あたりの月の落下距離)
        = 15.0 パリフィート(= 約 490 cm)   (*)
となる。

次に,この結果を使って,地表上での落下を(都合により)1 秒あたりで計算する。地表上での重力による加速度は,最初に記した前提に基づき,物体が何であるかにかかわらず月の位置の 60^2 倍になる(地球中心からの距離が $\frac{1}{60}$ なので)。また,落下距離は時間の 2 乗に比例するので(ガリレオの落下の法則),「1 秒間」での落下距離を求めるには,

「1分間」の落下距離を 60^2 で割らなければならない。結局，地表上での1秒あたりの落下距離は，60^2 を掛けて 60^2 で割らなければならないので，理論上は（*）と同じ数値15.0パリフィートになるはずである。

これを実験によって確かめようというわけだが，ニュートンはこれを直接測定するのではなく，振り子の実験結果と間接的に比較する。実際，第II編命題24によれば，地表上で周期2秒で振動する振り子の長さを l とすると，

$$\text{地表上での1秒あたりの落下距離} = \frac{\pi^2 l}{2} \quad (**)$$

という関係がある（下の注を参照）。そしてホイヘンスによる振り子の実験結果を使って，

地表上の物体の1秒あたりの落下距離
 $= 15.1$ パリフィート

と求めた（ニュートン自身も振り子の精密実験を行っている。以下の命題6を参照）。これは月の運動から計算した値とほとんど一致する。

ゆえに，月に対する地球の向心力と地表上の物体に対する地球の重力に関する法則は同じであると推定され，規則1および2から同一の原因をもつと考えなければならず，したがってこれらは同じ力であるとニュートンは結論づけた。（終）

［注］式（**）について簡単に説明しておこう。地表上での重力加速度を g，振り子の長さを l，周期を T とすれば，よく知られた関係より $T = 2\pi\sqrt{\dfrac{l}{g}}$ である。つま

り $g = \frac{(2\pi)^2 l}{T^2}$。また 1 秒間の物体の落下距離は $\frac{g}{2}$ である。したがって，$T = 2$ 秒の場合には（**）という関係になる。

上の計算では，月は静止した地球の中心のまわりを回っているとしているが，実際には月は地球と月の共通重心のまわりを回っている。共通重心は地表の少し下にある。このことに注意すると上記の結果は 1 ％のレベルで変わるが，ニュートンはそのことにも注意をしている。

いずれにしろ，このようにして地上での重力と月に働く力が同じ力であると結論づけたのち，その結論をほかの惑星にも広げる。

― 命題 5 ―
　木星の衛星も，土星の衛星も，そして太陽に対する惑星も，それぞれ木星，土星，そして太陽の重力に引かれて直線運動からそらされ，円運動あるいは楕円運動をしている（そしてこの命題の系の中では，重力の一般性が主張される）。

解説　ここでニュートンは，第III編の最初に記されている諸規則を引用する。これらの衛星や惑星の公転は，地球をめぐる月の公転と同種の現象とみなせるのだから，特に規則 2 により，原因も同じだと考えるべきである，という主張である。そして少なくとも確認された状況では，この原因となる力は常に距離の 2 乗に反比例しているのだから，そのことも

含めて,重力はすべての物体がもつ普遍的な性質とみなされるべきである(規則2)。したがって運動の第3法則(作用反作用の法則:33ページ)により,惑星は衛星に引かれ,太陽は惑星に引かれる。そして,惑星どうしも引き合い,月は地球ばかりでなく太陽にも引かれ,地球上の海は月や太陽によってかき乱されることになると,重力の普遍性を主張する。そして命題5に付けた注釈で,天体間の力を,一般的な向心力という言葉ではなく「重力」と呼ぶと宣言する。(終)

次は,重力の重要な性質である,質量との関係である。非常に大きな問題であり,この命題にはかなり長い説明が付いている。地表上の物体ばかりでなく,直接,実験で確かめることができない天体についても議論されているところが興味深い。

― 命題6 ―
　すべての物体は各惑星に向かって引かれる。その強さ,つまりその惑星によって生じる物体の重さは,その物体がもつ物質の量に比例する。

解説 この命題の意義を理解するにはまず,混同しやすい2つの概念,つまり「重さ(weight)」と「物質の量(quantity of matter)」(現代的表現では質量〈mass〉)の違いを明確にしておかなければならない。物体の重さとは,地表上でその物体が受ける重力を意味する。また質量(ニュートンの表現では物質の量,現代の力学では正確には慣性質量)とは,物体の慣性の大きさ,つまり加速されにくさである(厳

密には質量 × 加速度 = 力という公式が満たされるように定義される量)。したがって,重さと質量はまったく別の性質の量のはずなのだが,重力には,重さは質量に比例するという性質があるというのが,この命題の主張である。

そうなる理由は 20 世紀の初頭に一般相対性理論によって解明されたが,それまでは実験観察によって精度よく確かめられた「一つの主張」であった。この主張はプリンキピア全体を通じて一貫して使われているが(命題 1 も参照),ニュートンはどのような実験観察をその根拠にしていたのだろうか。

この命題の説明においてニュートンはまず,「あらゆる種類の重い物体は(空気抵抗による遅れの効果を差し引いたとすれば),等しい高さから等しい時間で地上に落下することが観察されている」と述べる。落下運動では加速度 = $\frac{重力}{質量}$ だから,重力が質量に比例(重力 = 定数 × 質量)し,材質に(そして形状やその他の性質にも)依存しないならば,加速度は地表上では物体の質量に依存しなくなり,落下時間はいかなる物体でも等しいことになる。(史実ではないようだが)ガリレオがピサの斜塔で実験したと言い伝えられていることである。

しかし,より厳密な観察として,ニュートンは,自分でも行った振り子の実験をあげる。振り子も重力による落下運動なので,重さが質量に比例するならば加速度は質量に依存せず,したがって振り子の振れの周期はおもりの種類によらないはずである。ニュートンはこのことをさまざまな金属,ガ

ラス，木，水，小麦などを使って自分で検証し，$\frac{1}{1000}$ の精度で重さが質量に比例することが確認できたと主張する。

また，月に働く重力と地上での重力が同一の力であることを前記の命題4で検証したときの前提は，月の落下の加速度と，物体の落下の加速度は，それらの質量とは無関係に，地球の中心からの距離の2乗の比率だけで決まる，ということであった。重力が質量に比例していることは暗黙裏の前提とされていた（命題4の解説の最初を参照）。この検証が成功したこと自体，この前提の正しさの間接的な根拠となるといえる。

「木星の衛星に働く木星の重力」が衛星の質量に比例していることも，同様に考えられる。実際，木星の（当時発見されていた）4つの衛星の公転周期が軌道半径の $\frac{3}{2}$ 乗に比例していることは，「木星による重力」が距離の2乗に反比例するばかりでなく，衛星の質量に比例していることも間接的に示唆する。実際，向心力が逆二乗則を満たすときに公転周期が軌道半径の $\frac{3}{2}$ 乗に比例することは，向心力が質量に比例していること（単位質量あたりの力が物体によらないこと）を前提にして証明されるからである（第Ⅰ編命題4系6）。

次に，「木星の衛星に働く太陽の重力」を考える。太陽の，各衛星に及ぼす重力と木星に及ぼす重力がそれぞれの質量に比例することが，どのようなことから推定されるだろうか。まず，重力が質量に比例しているとしよう。太陽から見れば木星とその衛星までの距離はほとんど同じなので，太陽によ

って各天体に生じる加速度$\left(=\dfrac{重力}{質量}\right)$はほぼ等しい。したがって木星も衛星も同じように加速されるので、衛星は木星の引力によって決まる楕円軌道上を動きながら、「木星＋衛星」全体としては太陽の周囲を回ることになる（99ページの系6参照）。

しかしもし、太陽による重力が質量に比例していなかったら、（衛星の軌道がほぼ円だとした場合）軌道の中心は木星からずれる。その程度をニュートンは次のように推定する。まず、「太陽から同じ距離にあるとき」、木星とその衛星が受ける加速度の比を a とする。

$$a = \dfrac{太陽により衛星に生じる加速度}{太陽により木星に生じる加速度}$$

重力が質量に比例しているとしたら、加速度は質量に依存しなくなるので、$a=1$ が予想される値である。しかしもし $a>1$ だとすれば、それは（同じ距離ならば）衛星が木星よりも強く太陽に引かれるということである。この場合、衛星の軌道の中心は木星からずれるが、強く引かれるからといって太陽に近づくのではない。逆に、太陽から「遠ざかる」方向にずれる（軌道の中心が木星よりも外側になる）。なぜなら、衛星は木星といっしょに太陽のまわりを回っているのだから、太陽方向への平均的加速度は木星とほぼ等しいはずである。そうなるためには、太陽から遠ざかり、太陽による重力の影響を弱めなければならない。遠ざかる割合は a の平方根に比例する（重力の大きさが距離の2乗に反比例するので）。

ニュートンは具体的な数値を使ってこの効果を分析する。

たとえば $a = 1.001$ だとすると，その平方根は 1.0005 である。つまり 0.0005 倍だけずれる。たとえば（その当時の知識で）いちばん外側の第 4 衛星と木星の距離は木星と太陽の距離の約 $\frac{1}{375}$ なので，もし衛星の軌道の中心の太陽からの距離が 0.0005 倍だけずれれば，木星との距離の約 $\frac{1}{5}$（= 0.0005×375）ずれることになる。これほどのずれがあれば容易に観測できるはずだが，実際の衛星の軌道は，ほぼ木星を中心とする円軌道である。つまり，$a = 1.001$ という前提は否定され，太陽による重力も $\frac{1}{1000}$ 以上の精度で惑星や衛星の質量に比例していることがわかる。

さらに土星とその衛星についても，さらには地球と月についても同様であるとも指摘している。（終）

このように論じたあと，この命題の系で次のように主張される。

命題 6 系 2

……すべてのものの重さは……それらがそれぞれもっている物質の量（質量）に比例する。これは我々の実験の達しうる範囲内のあらゆる物体の性質であり，したがって（規則 3 により）それは物体という物体のすべてについて認められるべきものである。……

> **命題6系5**
> 磁力にはこのような性質はないので，磁力と重力は別の力である（ケプラーが，惑星を動かすのは磁力かもしれないと考えていたことは37ページで述べた）。

　命題6は，物体が受ける重力はその物体の質量に比例する，という話であった。次の命題7で論じる重力の最後の性質は，物体が「及ぼす」重力はその質量に比例する，したがって結局重力は，それによって引きつけあう2物体の両質量の積に比例する，ということである。

> **命題7**
> すべての物体には，それらの物体が含むそれぞれの物質量に比例する重力がある。

解説 重力が，それを受ける物体の質量に比例するのなら，それを及ぼす物体の質量にも比例すると考えるのが作用反作用の法則から見ても自然である。しかしそれを厳密に示すにはどうすればよいだろうか。

　ニュートンはこの問題を第Ⅰ編命題69で扱っている。ただ，ほかの命題に比べればそれほど複雑な話ではないので，その証明をここで紹介しておこう。

第Ⅰ編命題69およびその系1
　物体A，B，C，D，…があり，Aがほかの物体に与える加速度は，ほかの物体が何であるかにかかわらず，

その，ほかの物体との距離でのみ決まっているとする（つまりほかの物体の性質，特に質量にはよらない）。同じことがA以外の物体についてもいえるとする。そのときは，各物体が及ぼす力はその物体の質量に比例する。

解説 ニュートンの論理を，わかりやすいように式で表そう。まず，運動の法則と，命題の前提条件を使って，

　　　AがBに及ぼす力
　　＝Bの質量 × AがBに与える加速度
　　＝Bの質量 × Aのみで決まる定数
　　　× AB間の距離のみで決まる量

同様に，

　　　BがAに及ぼす力
　　＝Aの質量 × Bのみで決まる定数
　　　× AB間の距離のみで決まる量

ここで作用反作用の法則を考えると，この2つの式の左辺は等しい。したがって，

$$\frac{\text{Aのみで決まる定数}}{\text{Aの質量}} = \frac{\text{Bのみで決まる定数}}{\text{Bの質量}}$$

命題の条件より，この等式は物体CであろうがDであろうが，すべての物体について成立する。したがってこの分数の値は物体によらない定数なので，それを G と書こう。すると，

　　　Aのみで決まる定数 $= G \times$ Aの質量

であり，したがって，

　　　AがBに及ぼす力 ＝ BがAに及ぼす力

$$= G \times \text{Aの質量} \times \text{Bの質量}$$
$$\times \text{AB間の距離のみで決まる量}$$

そして重力の場合，この命題の前提条件が満たされていること，しかも距離で決まる量とは距離の2乗の逆数としてよいこともすでに命題6までで示している。したがってこれで，万有引力の法則が完結したことになる。A，Bの質量をそれぞれ m_A, m_B とし，その間の距離を r とすれば，

$$F(\text{万有引力}) = \frac{Gm_Am_B}{r^2} \qquad (*)$$

である。物体によらない定数 G は今日ではニュートン定数あるいは重力定数と呼ばれている。（終）

これまでの議論は天体などの物体の大きさを無視した議論であった。厳密には万有引力の法則とは，物体の各微小部分どうしの間に働く力の法則であり，天体のような大きさをもった物体どうしの間にも同じような逆二乗則にしたがう力を考えていいのか疑念をもっていた，とニュートンは書いている。そしてその疑念は第Ⅰ編の命題75と76により解決されたとも述べる。以下の命題8はそのことの確認である。

命題8

互いに引力を及ぼし合う2つの球体において，球体内の物質分布が球対称であるならば，その2つの球体の間に働く重力はそれぞれの球の「中心」間の距離の2乗に反比例する。

解説 第Ⅰ編の命題75（224ページ）と命題76（225ページ）

第3章 「世界の体系」への道……プリンキピア第Ⅲ編前半

によれば,天体が球対称である限り,重力を与える側でも受ける側でも,その全質量がその中心に集まっているとしたときの結果がそのまま厳密に成立する。(終)

ニュートンは以上の結果に基づき,天体の質量に関して非常に興味深く,重要な計算をする。まず,天体Aの周囲を,それよりもかなり軽い天体Bが,ほぼ円運動しているとしよう。そのときの天体Bの周期TとAB間の距離rから,天体Aの質量m_Aが得られる。実際,

$$\text{天体Bの加速度} = \frac{\text{天体Aによる重力}}{m_B}$$

$$= \frac{Gm_A}{r^2}$$

一方,天体Bの速度をvとすれば,その加速度は$\frac{v^2}{r}$であり(円運動の基本公式,126ページ),また$v = \frac{\text{円周}}{\text{周期}} = \frac{2\pi r}{T}$。したがって,

$$\text{天体Bの加速度} = \frac{\left(\frac{2\pi r}{T}\right)^2}{r} = \frac{(2\pi)^2 r}{T^2}$$

これを上の式に代入すれば,

$$Gm_A = \frac{(2\pi)^2 \cdot r^3}{T^2}$$

である(ケプラーの第3法則により,天体Bとして何を使っても右辺の値が変わらないことに注意)。

ニュートンの時代には G の値はわかっていなかったので質量 m_A 自体は得られなかったが、質量の比率は得られる。ニュートンは太陽、木星、土星、そして地球の質量比を計算するのに、それぞれの天体Bとして、(太陽に対して)金星、木星の第4衛星(通称カリスト)、土星のホイヘンス衛星(現在の通称はタイタン)、そして(地球に対して)月を持ち出す。そしてその当時知られていたデータを代入して、質量比として、

$$太陽：木星：土星：地球 = 1 : \frac{1}{1067} : \frac{1}{3021} : \frac{1}{169282}$$

と求めている。現在のデータと比べると、木星、土星では2%から10%程度の誤差しかないが、地球の実際の質量はほぼこの半分である。これは、天体AB間の距離が、太陽、木星、土星の場合には太陽・地球間の距離に対する割合として決められていたのに対して、地球と月の間の距離が、それとは別個に決められていたからであった。太陽・地球間の距離自体が誤っていても、上式の比率のうちの「太陽：木星：土星」という部分にはきいてこない。しかし地球との比較をするときは、質量比は距離の3乗に比例するので(前ページ)、距離の比率の誤りが大きく結果に影響する。

しかしいずれにしろ、太陽に比べて惑星の質量が非常に小さいことは明らかである(月の質量については282ページ参照)。このことは、以下で太陽系全体について議論をするときに重要な役割を果たす。

また、質量と大きさがわかれば密度比がわかり、

$$太陽：木星：土星：地球 = 1 : 0.945 : 0.67 : 4$$

と求めている(現在のデータ〈『理科年表』〉によれば1：

0.943：0.489：3.91)。この比率には太陽・地球間の距離は関係しないので、前述の問題は生じない。

　地球に比べてほかの天体の密度がかなり小さいことがわかった。その理由としてニュートンは、太陽から遠い天体は温度が低いので、蒸発しやすい物質（水など）も多量に含まれているからだと論じている。実際、木星や土星には水や水素が多量に含まれており、誤った主張ではない。また、太陽の密度が小さいのは、高温でふくらんでいるからだとしているが、これは正しいとはいえないだろう。

　次の命題9は、「均質な天体の内部での重力は中心からの距離に比例する」という定理であるが、これは第Ⅰ編命題73（220ページ）を参照していただきたい。

4．ニュートンの世界像・太陽系像（命題10～14）

　命題10は、惑星の運動に対する空気の抵抗の影響を論じている。空気抵抗および超上空の空気密度についてはニュートンは第Ⅱ編での一般的な議論を引用しているが、惑星が動く宇宙空間には空気がほとんどないので、その軌道にはほとんど影響がない、というのが結論である。

　次にニュートンの宇宙像が提示される。ただしそれは断定でも事実でもなく、「仮説」として述べられている。

仮説1

　世界体系の中心は不動である。このことはすべての人によって認められているが、ある人は地球が、また他の人は太陽がその中心に固定されていると主張する。この

ことからどのような結果が出てくるかを見ることにしよう。

太陽系が宇宙の中心であることは認められていることだが，太陽系の中心が太陽か地球かについては議論がある，という説明である。そして彼自身の主張は次のとおり。

― 命題 11 & 12 ―
太陽系全体の重心は不動である。太陽自体は常に動いているが，太陽系の重心から遠く離れることはない。

解説 命題 14 の系に書かれていることだが，恒星（ここでは太陽以外の輝く星を意味する）は地球の公転によってもなんら認めうる視差を与えない。つまり，地球が公転して位置を変えても恒星が見える方向は変わらないから，太陽系からの距離は膨大であり，恒星は太陽系にはなんら認めうる効果を生じる力をもちえない，とニュートンは考える。視差とは，地球の位置が季節によって変わるための，星の見える方向の変化である（図 3-4）。実際には視差は観察されていなかったので，恒星は地球からほとんど無限の遠方にあるはずだ，とニュートンは考えた（比較的太陽系に近い恒星の視差が初めて確認されたのは 1838 年のことであった）。

太陽系だけで考えると，その重心（中心）は静止しているか直線上を等速運動しているかのどちらかだが（慣性の法則：33 ページ参照），運動しているとすれば世界の中心も動くことになり，前記の仮説に反することになる，と論じる。

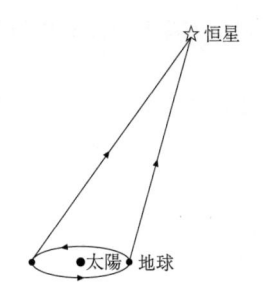

第3章 「世界の体系」への道……プリンキピア第Ⅲ編前半

図3-4　視差
恒星が見える方向の季節による違い

しかし太陽系の中心が動いたからといってなぜ世界の中心が動いたことになると考えたのかはわからない。実際，現代ではこの推論は間違っていることがわかっている。太陽系は銀河系の中で回転している。ニュートンの考え方をあえて推測すれば，その当時は恒星が太陽系に対して（相対的に）動いているようには見えなかったので，太陽系の重心が動いているとすれば全恒星が宇宙の中で同じ方向に動いていることになり，仮説と矛盾することになる，と考えたのだろう。

しかしニュートンは，太陽の位置と太陽系の重心が一致しないことは認識していた。たとえば太陽と木星の質量比は（前節での議論によれば）1067：1であり，その重心は太陽表面の少し外側になる（太陽と木星の距離は太陽の半径の約1334倍）。土星については質量比は3021：1であり，その重心は太陽表面のやや内側になる。ほかの惑星の効果は小さく，すべての惑星が太陽から同一方向にあったときでも，太陽系の重心と太陽の中心とのずれは，太陽の直径より短い。じつは当時発見されていなかった天王星，海王星などの効果

まで入れると，ずれは太陽の直径よりも少し大きくなるのだが。

いずれにしろ太陽系の重心こそが宇宙の不動の中心とみなされるべきであり，太陽自体はそれに対して常に動いているが，大きな動きではないと結論づける。（終）

次は各惑星の運動について。

---命題 13---
　各惑星の運動は太陽を焦点とする楕円であり，太陽から見たときの面積速度は一定である。

解説　ニュートンはこの主張が厳密に正しいといっているのではなく，それからのずれが一般に小さいと主張しているのである。たとえば惑星が1つしかない場合，惑星の軌道は，（太陽自体ではなく）太陽とその惑星の重心を焦点とする楕円である。しかしこの重心と太陽のずれは，前記の命題での議論より，小さいことがわかっている。

また，惑星間の重力についても議論する。土星に対する木星の影響を考えてみよう。たとえば木星と土星が最も接近したとき，木星・土星間の距離と太陽・土星間の距離は約 4：9 である。これと，命題 8 で求めた質量比を考えれば，土星に及ぼす重力の比は，太陽：木星 $= \frac{1}{9^2} : \frac{1}{4^2} \times \frac{1}{1067} ≒$ 211：1 となる。この影響はかなり大きいのだが，太陽と木星の重心が土星の楕円軌道の焦点であると考えることにより，土星への木星の影響をかなり取り入れることができる

（第Ⅰ編命題67, 208ページ参照)。

一方，木星の運動に対する土星の影響もあるが，こちらは逆の場合よりもかなり小さいと説明する。

地球に関しては月の影響がかなり大きい。しかし地球と月の重心の軌道は，太陽を焦点とする楕円に近いものとなる。そして地球は（月も），この重心のまわりを約1ヵ月で1回転している。（終）

命題14

惑星の軌道の遠日点は固定されている。

解説 これも，厳密に正しいといっているのではない。しかし惑星が1つしかなければ，これは第Ⅰ編命題11（ケプラーの第1法則の証明）により，厳密に正しい。しかしたとえば水星，金星，地球，火星などの内側を回っている小さな惑星の遠日点は，木星や土星の影響により移動する。たとえば火星に関しては100年間で30′のレベル（$1'$〈＝1分〉は$\frac{1}{60}$度）であると推定され非常に小さい。地球，金星，水星ではさらに小さくなる。ただし木星と土星が互いに及ぼしあう影響はそれほど小さくなく，それについては本書最終章でコメントする。（終）

この命題の系に，恒星に関する記述がある。軽く述べられているが，じつはこれは，後世に大きな疑問を残した重大なコメントであった。

―― 命題14の系 ――
　惑星の軌道の遠日点に対する恒星の位置（方向）は不変であり，遠日点はほぼ固定されていることを考えると，恒星は不動であると考えられる。不動であるのは，それぞれ反対向きの引力によって釣り合っているからであることはいうまでもない。

解説　恒星は太陽系から非常に離れた位置に，雑然と，静止したままで散らばっていると，ニュートンは考えている。恒星どうしも互いに重力を及ぼしているはずだが，四方八方から同じように力を受けているので，釣り合いの状態にあり，静止しているのだ，という主張である。（終）

　これがニュートンの宇宙観だが，非現実的であることが後に指摘された。もし仮にもろもろの恒星が釣り合いの状態にあったとしても，1つの恒星が少しでも動いたらその釣り合いは破れ，周囲の恒星は動き出す。その乱れは次々に伝わっていき全宇宙に広がるだろう。そして恒星全体が動き出し，恒星の密度が多くなるところに他の恒星も強く引かれて集まり，宇宙には膨大な数の星が密集した集団が，おそらく最終的には1つだけできるだろう。しかし現実の宇宙はそうなっているようには見えない。

　この問題は宇宙論の難問として残され，解決されたのは20世紀になってからである。まず，星は銀河という集団を作っていることがわかったが，銀河の中で星は動き回っており（たとえば銀河の中心のまわりを公転しており），互いの引力と遠心力が釣り合って，銀河はその中心につぶれない。

また，現在，すべての銀河が1ヵ所に集まっていないのは，宇宙空間が膨張しており銀河は互いに遠ざかるように動き始めたからである。しかしこのような現代の宇宙論はプリンキピアの範囲を超えるので，このくらいにしておこう。

第Ⅲ編はこの後，地球の形状（球形からのずれ），潮汐の理論，月の軌道，歳差運動（自転軸の向きの回転），彗星の軌道などの議論が続くが，その一部は第14章で紹介する。

これらも含め，この編の目的は，惑星の運動はもちろんのこと，その衛星や彗星を含め太陽系のさまざまな現象，そして物体の落下や潮汐などの地球上のもろもろの現象を，質量に比例し距離の2乗に反比例するという万有引力によって説明することであった。もちろんこれが，ニュートンがプリンキピアの執筆によって目指したことである。アリストテレスのような，天上と地上を分けた運動論ではなく，デカルトのような機械論（渦動説）でもない，万有引力的世界像といったものが，ここに確立されたのである。

第Ⅲ編の最後には，一般的注釈という形で，万有引力の起源についてのニュートンの考察が記されている。それについて，そしてニュートンの主張のその後の展開については，本書の最終章で解説する。

本書で登場する主な命題一覧

第3章でいくつかの命題を取り上げたが,本書を読み進める上での指針となるように,紹介する命題のなかから主なものを以下に挙げる(並びは本書に登場する順)。特に重要なものは太字で記した。

―― この項の表記について ――

第Ⅲ編前半 →第3章参照
命題1：……(第Ⅰ編命題2,命題4系6)

この場合,プリンキピア第Ⅲ編の命題1を本書では第3章で扱っていることを表す。また2行目の括弧の中は,この命題が第Ⅰ編の命題2および命題4系6の結果を利用している,という意味である。命題の番号は,プリンキピアの各編で独立して決められていることに注意。

第Ⅲ編前半 →第3章参照
命題1：木星・土星とその衛星の間には,距離の2乗に反比例する力が働いている。(第Ⅰ編命題2,命題4系6)
命題2：惑星と太陽の間には,距離の2乗に反比例する力が働いている。(第Ⅰ編命題11,命題15,Section 9)

命題 3 : 月と地球の間には，距離の 2 乗に反比例する力が働いている。（第 I 編 Section 9）

命題 4 : **月に働く地球の力は，地上での重力と同じ力である。**（第 I 編命題 4 系 9，第 II 編命題 24）

命題 5 : 一般に天体の間には，重力が働いている。（第 III 編命題 1 〜 4）

命題 6 : 物体に働く重力の大きさは，その物体の質量に比例する。（第III編命題 1 〜 4，第 II 編の振り子の項）

命題 7 : 物体が及ぼす重力の大きさは，その物体の質量に比例する。（第 I 編命題 69）

命題 8 : 球対称な物体間の重力は，中心間の距離の 2 乗に反比例する。（第 I 編命題 75 および命題 76）

以上の応用として，太陽および諸惑星の質量比の計算

命題 11 & 12 : 太陽系は全体として静止しており，惑星の軌道は（ほぼ）太陽を焦点とする楕円である。

定義・運動の法則 →第 4 章参照

定義される用語：物質の量（質量），運動の量（運動量），力，絶対時間・相対時間，絶対空間・相対空間
運動の 3 法則，及び系

第 I 編 Section 2 →第 6 章参照

命題 1 : 力が向心力ならば，面積速度は一定である。

命題 2 : 面積速度が一定ならば，力は向心力である。

命題 4 : 等速円運動の向心力を求める公式

命題 4 系 6 : 等速円運動で周期が半径の $\frac{3}{2}$ 乗に比例すると

きは，向心力は半径の 2 乗に反比例する（円軌道の場合のケプラーの第 3 法則の証明）。
命題 6：向心力は，軌道の接線からのずれに比例する。
命題 6 の系：向心力を，力の中心から接線への垂線と，物体の位置から力の中心への線によって表すこと（命題 1）
命題 7 系 2・系 3：別の力によって同じ軌道，同じ周期の運動が実現されるとき，その 2 つの力の比を求めること（命題 6 の系）
命題 10：軌道が楕円であり力の中心がその中心にある場合，向心力は距離に比例する。（命題 6 の系）

第 I 編 Section 3　→第 7 章参照

命題 11：軌道が楕円であり力の中心がその焦点にある場合，向心力は距離の 2 乗に反比例する。（命題 6 の系，別証は命題 7 系 3 ＋命題 10）
命題 13 系 1：距離の 2 乗に反比例する力による運動の軌道は円錐曲線（楕円，放物線または双曲線）になる。
命題 15：楕円軌道の場合のケプラーの第 3 法則の証明（命題 11 & 命題 1）
命題 16：楕円軌道での各位置での速度
命題 17：初期位置と初期速度が与えられているときの楕円軌道の作図

第 I 編 Section 6 〜 8　→第 8 章参照

命題 31：距離の 2 乗に反比例する力を受けて楕円軌道を描いている物体の，各時刻での位置の決定

命題32：距離の2乗に反比例する力を受けて垂直落下する物体の，各時刻での位置の決定

命題39：垂直落下する物体の，位置から速度及び時刻を見出す方法

命題40：速さの変化は高度の変化だけで決まること（エネルギー保存則の萌芽）

第Ⅰ編 Section 9　→第9章参照

命題44：ある固定軌道をもたらす向心力と，その軌道を一定の角速度で回転させた軌道（回転軌道）をもたらす向心力の差は，距離の3乗に反比例する。

命題44系2：固定軌道をもたらす向心力が距離の2乗に反比例し，その軌道が円に近いとき，回転軌道をもたらす向心力を具体的に求めること。

命題45例題2：向心力が距離の$(n-3)$乗に反比例し，軌道が円に近いとき，その長軸の動きを求めること（命題44系2）

命題45系1：長軸の動きから，向心力が距離の何乗に反比例するかを求めること（応用として月の運動を含む）

命題45例題3：2種の力が働き，軌道が円に近いとき，その長軸の動きを求めること（応用として月の運動を含む）

第Ⅰ編 Section 11　→第10章参照

命題57～59：相互に引き合う2物体の運動と，固定された点から受ける力によって運動する1物体の運動の比

較

命題66およびその系：距離の2乗に反比例する向心力によって引き合う2物体に，別の物体が力を及ぼすときの軌道の変化の分析

命題69：重力は，それを及ぼす物体の質量に比例する。

第Ⅰ編 Section 12　→第11章参照

命題70：球面の各部分からの力が距離の2乗に反比例するとき，球面内部にある質点には力は働かない。

命題71：同じ状況で，球面外部にある質点には，球の中心からの距離の2乗に反比例する力が働く。

命題72系3：相似な2つの立体の外部の，それぞれ相似な位置に置かれた質点には，その相似比に比例する力が働く。

命題73：一様な球の内部にある質点には，球の中心からの距離に比例する力が働く。

命題74：球の外部にある質点には，球の中心からの距離の2乗に反比例する力が働く。その大きさは，球全体の質量に比例する。

命題76：各部分間に，その間の距離の2乗に反比例する力が働くとき，2つの球の間には，その中心間の距離の2乗に反比例し，それぞれの質量に比例する力が働く。

第Ⅰ編 Section 13　→第12章参照

命題90：円板による，その軸上の質点に働く重力

命題91系2：回転楕円体による，その軸上の質点に働く重

　　　　　　力

命題91系3：回転楕円体内部での，軸上の質点に働く重力

第Ⅱ編 Section 1〜9　→第13章参照

命題3：速度に比例する抵抗力と一様な重力を受ける質点の運動

命題5：速度の2乗に比例する抵抗力と一様な重力を受ける質点の運動

命題15：中心からの距離の2乗に反比例する重力と，空間に満ちている媒質からの抵抗力を受ける天体の軌道

命題22：中心からの距離の2乗に反比例する重力によって引かれている大気の密度分布

命題24：長さと振幅が決まった振り子の周期の2乗は，振り子に付けた物体の質量と重さの比に比例する。

命題34：媒質中を運動する球と円柱が受ける抵抗力の比較（応用：抵抗力が最小になる円錐台の形を求めること）

命題44：水面の波の速度を求めること

命題47〜50：脈動（パルス）が流体中を伝わる速度を求めること（音波の速度を求める問題）

命題51〜53：円柱あるいは球が回転するときに，その周囲にある粘性のある流体に生じる渦の速度を求めること

第Ⅲ編後半　→第14章参照

命題19：自転によって生じる地球の扁平さを求める。（第Ⅰ編命題91系2）

命題 20：地表上での緯度の違いによる重力の変化（第Ⅰ編命題 66）

命題 36, 37：月と太陽による潮汐の大きさを求めること（それにより，地球と月の質量比を求めること）

第2部
プリンキピアの諸定理

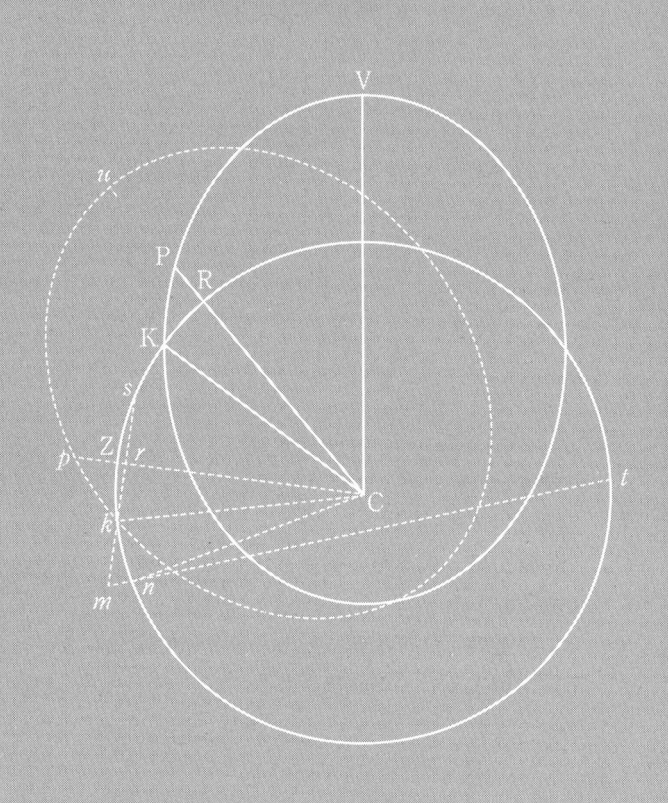

第4章　用語の定義と運動の基本法則

　前章では，ニュートンがプリンキピアで何を主張したかったのか，彼の結論を先に紹介した。そのことを踏まえたうえで，この章からはプリンキピアを改めて最初から紹介していくことにする。

　本文（第Ⅰ編～第Ⅲ編）に入る前にまず，「定義」，そして「公理すなわち運動の法則」という2つの項目がある。「定義」では，質量とか力といった力学的用語のほかに，時間，空間というものをニュートンがどうとらえていたかが説明される。全宇宙に一様に流れる時間（絶対時間）という概念を導入したのはニュートンだとされているが，プリンキピアのこの部分がそれに相当する。絶対空間と相対空間という区別も興味深い。

　次の，「公理すなわち運動の法則」という部分では，いわゆるニュートンの運動の3法則が導入され，運動量保存則と，その意味が議論される。テコの原理の証明もある。

1．定義

---定義1-----------------------------------

　物質の量，すなわち質量とは，物質の密度と体積の積である。

　この量は，私が精確に行った振り子の実験により，重さに比例することが見出された。

解説「重さ」とは重力の大きさを意味し，重力とはここでは，地表に置かれた物体が地球から受ける力（定義8の意味で）を意味する。つまりこの定義の後半は，物体にかかる重力はその物体の質量に比例するということ。振り子についてはプリンキピア第II編で説明されているので，第13章で紹介する。

ところで，この定義の前半について少し考えてみよう。質量は質量密度 × 体積という計算で得られる，という主張だとすれば当たり前だが，では密度はどのように定義されるだろうか。質量 ÷ 体積だと定義すれば循環論法に陥ってしまう。

これについてニュートンはどのように考えていたのだろうか。10行ほどのニュートン自身のこの定義の解説文では，「物質は濃縮しても質量は変わらない」，および「物体の各部分の間に広がる媒質があるとしても，それは質量には考慮されない」といった意味の主張がある。ニュートンが原子論（物質はその基本的構成粒子 = 原子の集団であるという説）を支持していたことを考えると，これらの表現の意味が理解できる。原子論の支持者たちは通常，原子間の空隙は真空であると考えており，アリストテレスやデカルトたちの，空間はすべて何か（しばしばエーテルと呼ばれる）で満たされているという主張と対立していた。ニュートンは，物質の量は基本的に原子の個数であり，エーテルなどというものは仮に存在するにしても，物質の量（質量）には関係しないと考えていたと推察できる。しかし原子は何種類もあるとすると，質量の大小は原子の個数だけからはわからない。この問題についてはまた後で，運動の3法則を説明するときに議論する

(本章の最後を参照)。

　ここでは,「物体は質量という性質をもっており, それは膨張, 圧縮, 液化その他の状態の変化によっては変わらない量であり, 同じ状態ならば体積に比例し, また経験的事実として, それは重さに比例する」と主張していると理解すればよいだろう。

定義2

　運動の量（現代流では運動量）とは, 速度と質量の積である。

定義3

　物質固有の力, すなわち慣性とは, 静止しているか等速直線運動しているかにかかわらず, 物体がその状態を保持しようとする一種の抵抗力である。物体は, ほかの力が働いてその状態を変えようとする場合にのみ, それに抵抗してこの力を発揮する。

解説 現在では, 慣性はむしろ物体の性質であり,「力」とは呼ばない。しかしプリンキピアでは同じ単語（英語ではforce）が使われている。現在では力という概念は, 次の定義4で定められる, より限定された意味で使われるようになった。また, 説明の中で,「静止しているか運動しているかは相対的な意味しかもたない」というコメントもある。しかしこれが前に述べた, ガリレオの相対性原理（31ページ）と同じ主張なのかどうかは, 必ずしも明確ではない。この項のあとで,「絶対空間」,「相対空間」という用語が登場する

ので，そこで再度考えてみることにしよう。

定義 4

物体に加えられた力（つまり物体固有ではない力）とは，それが静止しているか等速直線運動しているかにかかわらず，その状態を変えるために働く作用である。その起源は，衝突，圧力，向心力など，種々多様である。

定義 5

向心力（求心力あるいは中心力ともいう）とは，物体を，中心となるある1点に向かって引く，あるいは押す力である。

（以下，ニュートンの説明の要約）物体を地球の中心へと向ける重力，鉄を磁石へと向ける磁力，惑星を公転させる力はすべてこれである。また，投石器（ひもの中央に石を引っかけて振り回してから飛ばす用具）で石を振り回すときなど，物体を軌道上で回すときに，それが中心から遠ざかるのを抑制するために必要な力である。向心力がなければ，その物体は等速直線運動をして飛び去るだろう。地球上で投げた物体も重力がなければ，そして空気の抵抗もなければ，等速で直線上を飛び去るだろう。実際には重力があるので地面に落下するが，最初の速度が速ければ，その分だけ遠方まで届くだろう。そして，最初の速度が十分に速ければ，地球を1周することもできる。さらには，けっして落下することなく，無限に回り続けることもある。月は，重力あるいは地球に向かうその他の力によって，固有の力（定義3）による直

線運動からはずれて、たえず地球のほうに引かれている。月が、実際見られるように地球のまわりを回るには、月の速度とこの力の大きさが適切なものである必要があるが、それを求めるのが数学者の仕事である。

解説 ここでは、月が地球のまわりを周回するのは、地球の引力による落下運動であることが明確に述べられている（図2-5、37ページ参照）。

向心力の大きさを表す量には、次の3種類が考えられる。

定義6

向心力の絶対的量とは、力の原因の能力の大きさである。

定義7

向心力の加速的量とは、単位時間内の速度の変化に比例する量である。

定義8

向心力の動的量とは、単位時間内の運動量の変化に比例する量である。

解説 力という概念が現代風に限定されていないので、この3つの定義は我々には少々わかりにくい。万有引力の法則を式で書いて、対応関係を説明しておこう。質量 M の物体に対して質量 m の物体が、距離 r だけ離れているとする。そ

の間に働く力の大きさ F は,比例係数(重力定数あるいはニュートン定数)を G とすれば,

$$F = \frac{GMm}{r^2} \qquad (*)$$

である(万有引力はそれぞれの質量に比例し,距離の2乗に反比例する)。

まず定義8の動的量とは F そのものである。それが運動量の変化に等しいといっており,「運動量の変化 = 質量 × 速度の変化(加速度)」なのだから,定義8は,あとで出てくる運動の第2法則を意味している。つまり第2法則の結果,力の動的量は質量 × 加速度と表せるということである。

定義7の加速的量は,加速度で表される量,つまり「$\frac{動的量}{質量}$」である。(*)を使えばこれは $\frac{GM}{r^2}$ であり,力を受ける物体によらず,位置だけで決まっている。つまり位置に関する量である(それに対して動的量は物体に関する量である)。加速的量が物体によらないのは,重力(あるいは万有引力)が質量に比例しているという特殊事情のためであり,その結果,地表上ではすべての物体が,重力により同じように加速される(いわゆる重力加速度 g)。

定義6の絶対的量は力の起源に関する量であり,式(*)では GM に相当する。

注釈:時間,空間,および運動という用語について

　これらの用語は特に定義しないが,誤解が生じる可能性があるので,いくつかの注意をする,と始まる。かなり長い注釈なので要点だけを紹介する。

1．［絶対時間と相対時間］

　絶対的な，真の，そして数学的な時間は，何ものにも関わりなく一様に流れるものである。たとえば機械時計や日時計など，運動によって測られる時間は相対的な，見かけ上の時間であるが，通常はこれが真の時間の代わりに用いられる。絶対時間の流れはいかなる変化も受けない。それは天体の観測から得られる見かけの時間を補正することによって得られる。

2．［絶対空間と相対空間］

　絶対空間は，いかなる事物にも無関係に，常に不動で同じ形のものとして存在する。相対空間は，絶対空間の中にあるが，可動であって，諸物体に対するその位置により決定される。たとえば地球に対する位置によって決定される地下，空中あるいは天空の広がりのようなものである。もし地球が動くならば，大気という空間はそれが通過する絶対空間の一部であるが，たえず移動もしている。

3．［絶対運動と相対運動］

　絶対運動は，絶対空間の中の絶対的な場所からほかの絶対的な場所への物体の移動である。相対運動は，相対的な場所からほかの相対的な場所への移動である。たとえば航行中の船においては，物体の相対的な場所とは，物体が占める船のその部分のことであり，それは船とともに動く。相対的静止とは，船のある部分での物体の静止である。絶対的静止は，絶対空間の中での同一部分における物体の静止である。したがって，もし地球も動いているとすれば，船内の物体の絶対運動は，地球の真の

第4章　用語の定義と運動の基本法則

> 運動と，地球に対する船の相対運動と，船に対する物体の相対運動の差し引きによって得られる。
>
> 　空間自体を我々の感覚によって直接見ることはできず，各場所は見かけ上の決め方をすることになる。すなわち，不動とみなされる物体からの距離によって場所を定義する。つまり相対的な定義がなされ，通常はそれで問題にはならないが，厳密な哲学的議論では注意が必要である。物体が真に絶対的に静止しているかは，我々がその位置を観察できる領域の諸物体の位置からは決定できないからである（無限の遠方には絶対的に静止している天体があるかもしれないが）。
>
> 　各物体の真の運動を発見し，それを見かけのものから区別するのは難しい。しかし，たとえば2個の物体が，それらの重心のまわりを一定の距離を保って回転している場合，その真の円運動の量は，それらの間に働く力の大きさからわかる。円運動に必要な力の大きさはわかっているからである。天体の運動の場合も同様であり，この論文の目的は，この問題を解明することである。

解説　ニュートンのいいたいことはわかってもらえたと思うが，この記述の意味をさらに深く理解するには，ニュートンがなぜこのような注釈をする必要があったのか，さらには，この注釈について，現代の人々はどのように考えているかを説明しておく必要がある。

　物体が何も存在しない空虚な空間（真空）が存在するか否かは，古代ギリシャ以来，論争の対象になっていた。アリストテレスは真空というものの存在を否定した。一方，原子論

者たち（物体は，これ以上分割できない微細な粒子，すなわち原子から構成されていると考える人々）は，空虚な空間の中にさまざまな無数の原子が存在するという自然観をもっていた。

ニュートンの時代に関していえば，デカルトたちは空間には目に見えないものが充満していると考え，アリストテレスと同様に空虚な空間の存在を否定した。何か存在するものが広がっている状態が空間だという考えであった。一方，ニュートンは原子論者であり，まず空間があり，そこにさまざまな原子や物体が配置されているという見方をした。この見方を述べることが前記の注釈の目的のひとつであった。

しかしニュートンはさらに踏み込んで，絶対空間と相対空間という区別をしている。つまり，何もない空間の各場所が，絶対的に静止しているか否か，区別可能であるという主張である。現代ではよく「基準」という用語を使うが（たとえば地球に対しての位置や動きを考えることを地球基準という），基準が動いているか否かは物体とは無関係に決められ，絶対的に静止している基準が存在するとニュートンは主張する。

注釈の最後に記したように，ある基準が円運動をしているか否かは，その基準で静止して見える物体にどのような力が働いているかで判断できる。しかし互いに等速直線運動している2つの基準があったとき，どちらが本当に静止しているかは力では判断できない。つまり絶対空間というものが定義可能か否かは大きな問題点となる。実際，本書のこれ以降の議論を進めるには，絶対空間の存在は必要ない。それは，すぐあとで説明する運動の第1法則（慣性の法則）のためであ

り，ニュートン自身も，運動とは相対的なものであるという注釈を定義3に付けている。第2章で説明したガリレオの相対性原理の話は，むしろ絶対空間という概念を否定しているとも解釈できる。絶対空間を持ち出しながら，運動とは相対的なものだと主張するニュートンの立場は，もうひとつ明確でない。

　現代物理では時間と空間の問題は，アインシュタインの相対性理論に基づき理解されている。そこでは空虚な空間というものは存在するが，絶対的な静止という概念は存在しない。運動は相対的なものである。また，互いに運動している2つの基準を比較するには，空間だけでは比較することはできず，空間と時間を一体にして比較しなければならない。空間と時間を一体にしたものを時空というが，相対性理論では絶対時間や絶対空間というものの存在は否定される一方で，絶対時空と呼ばれるものは存在する。しかしこのことは，プリンキピアを理解するうえで関係のない話である。

2．運動の法則

　次の項目は運動の3法則から始まる。すでに33ページで引用したが再掲する。

運動の第1法則（慣性の法則） すべての物体は，加えられた力によってその状態が変化させられない限り，静止あるいは一直線上の等速運動の状態を続ける。

運動の第2法則 運動の量（＝質量×速度，現在は運動量という）の変化は，加えられた力に比例し，その力の方向を向く。

> **運動の第3法則（作用反作用の法則）** すべての作用（＝力）に対して，それと大きさが等しく反対向きの反作用が存在する。すなわち，2つの物体の間で互いに働き合う相互作用は常に大きさが等しく，反対方向を向く。

　この3法則のあとに系が6つ続く。一般に系とは，もとになる定理（あるいは法則）から導かれるものだが，最初の系は，実際に運動の方向を決めるための規則である。

> **系1（運動の合成）**
> 　ある時間，1つの物体に2つの力が働く場合，その物体は，それぞれの力が個別に同じ時間だけ働いたときに描く2つの辺からできる平行四辺形の対角線方向に動く。

解説 はっきりとは書かれていないが，それぞれの力は，この時間中，変化しないことが前提である。力が一定であるとみなせるほど微小な時間を考えている，といってもよい。この系は力の合成に似ているが，そしてそれと無関係ではないが，混同してはならない。ここでいう力には，定義3の，物質固有の力（慣性）も含まれている。例として，ある速度で動いている物体に，（通常の意味での）1つの力が働いたとしよう（図4-1）。そのときの運動は，慣性による動きOAと，力による動きOBを個別に考えて，平行四辺形を作れというのがこの系の主張である。もし通常の意味での力が2つ

第4章　用語の定義と運動の基本法則

```
最初の速度
　⇒
　　O——————————→A
  ↙  ＼　　　　╱ ⸱
力       ＼  ╱   ⸱
      B————————C
```

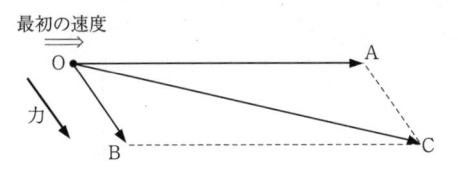

慣性による動き：OA
力による動き　：OB
実際の動き　　：OC

図 4-1

あり，しかも最初の速度がゼロでなかったとしたら，3つの動きを合成しなければならない（2つを合成してから3つ目を合成すればよい）。（終）

　もしこの物体が最初は動いていないとすれば慣性の効果はないので，運動の合成は通常の力の合成と同じになる。分解も同様。

― 系 2（力の合成と分解）――――――――――
　系 1 より力の合成も分解も説明される。
―――――――――――――――――――――

　さらにこのことからテコの原理が証明されることを示し，系 2 が正しいことの間接的な証拠になると主張する。そのことを説明しよう。

テコの原理の証明の解説　図 4-2 は，垂直に立てられた円板で，位置 O だけが固定されていて回転できるものとする。点 M には重り A がぶらさがっているヒモが，点 N には重り P が

93

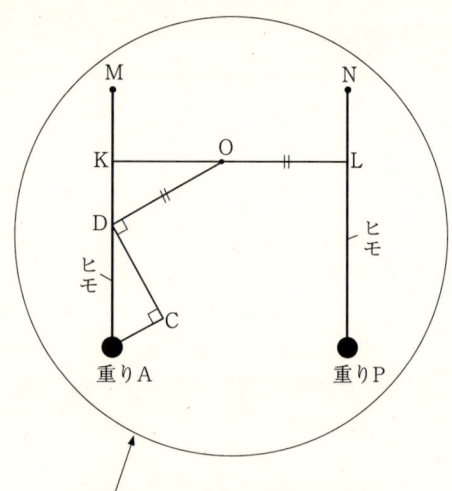

図4-2　テコの原理の証明
重りの付いた2本のヒモが固定された点MとNからぶらさがり，円板は釣り合っているとする

ぶらさがっているヒモが，それぞれ固定されているとする。円板が回転しないための釣り合い条件を求めよう。

KOLはOを通る水平線である。DはOD = OLとなるように決め，またCは，

　　　AC // DO，AC ⊥ CD

となるように取る。

釣り合って円板もヒモも静止している状況では，ヒモを円板に任意の場所で張り付けてしまっても，何も変わらないはずである。たとえば，左のヒモはDで，右のヒモはLで固定し，DMとLNの部分を取り外しても，何も変わらない（円板は回り始めない）。したがって，そのような状況での釣

り合いの条件は，最初の状況での釣り合いの条件と同じはずである。したがって以下では，ヒモがDとLでぶらさがっていると考えて，釣り合いの条件を求める。

　重りAの重さを線分DAで表すと（重さの大きさの表現をそのようにするということ），重力DAは力DCと力CAに分解される（ここで系2を使っている）。そのうちの力CAはOD方向だから，円板を回転させる力とはならない。一方，力DCは，Lを同じ力で真下に引っ張るのとちょうど逆の効果をもつ（OD = OLだから）。円板が釣り合っているのならば，この効果はPの重さでLを引っ張る効果と同じでなければならない。力DCの大きさは，力DA（= Aの重さ）の$\frac{DC}{DA}$倍だから，釣り合いの条件は，

　　　Aの重さ $\times \frac{DC}{DA}$ = Pの重さ

三角形の相似関係より，

$$\frac{DC}{DA} = \frac{OK}{OD} = \frac{OK}{OL}$$

なので，結局，

　　　Aの重さ $\times$ OK = Pの重さ $\times$ OL

となるが，これはテコの釣り合いの条件にほかならない。（終）

　運動の3法則では，物体に大きさがあることは考慮されていない。というよりは，大きさがない（大きさは考えない）ということが前提になっている。しかし現実の物体には大きさがあり，大きさがあるものは，その各部分の集合であると

みなせる。つまり現実の物体は，多数の（無数の）物体の集まりである。そのような場合に，運動の法則がどのように適用できるか。それを考えるのが次の系3から系6，そしてその後の注釈である。運動の第3法則（作用反作用の法則）がもつ重要な意味が明らかになる。

系3

2つの物体の運動量の和は，その2物体の間の作用からは変化を受けない。

なぜなら，2つの物体が衝突したとき，運動の第3法則より作用と反作用は等しく，運動の第2法則より，それぞれが逆方向の運動量の変化をもたらすからである。

系3は，現在は通常，「運動量保存則」と呼ばれているものだが，多くの物体が存在する場合でも，その間での作用が，2つずつの物体間で働くならば，同じように成り立つ。そしてその結果として，次の重要な定理が成り立つ。

系4

複数の物体の共通重心は，それらの相互間の作用によっては運動あるいは静止の状態を変えない。したがって，それらの物体全体が外部からの作用を受けずに動いている場合，その共通重心は静止したままであるか，一直線上を一様に（＝ 等速で）動く。

解説 複数の物体からなるシステムは，外部から作用を受け

なければ，その全体の重心（共通重心）について慣性の法則を適用できるという主張である．実際，どんな物体でも，その各部分から構成されているのだから，この主張が成り立たなければ，慣性の法則は何の役にも立たないことになる．また，この主張が成り立たなければ，物体は外部から力を受けなくても，内部で互いに力を及ぼし合うことにより（たとえば互いの間に働く万有引力により），自然に動き出したり速度を変えたりできることになってしまう．そのようなことは現実には起こらない．この主張の証明は以下で示すように第3法則（作用反作用の法則）を使って行われる．第3法則が正しくなければこの主張も正しくないことがわかる．つまり，外部から作用がなければ物体は等速直線運動をするという経験上の事実が普遍的に成り立つ真理であるとすれば，第3法則は成り立っていなければならないことになる．

　ただ，この系のニュートンによる証明は少し紛らわしいという印象を受ける．位置の変化率が速度であるという微分の考え方を前面に出さないようにしているためだろう．本質は変わらないが，現在の大学の初等力学の教科書に書かれている証明の筋道を言葉でまとめると次のとおり．

(1)複数の物体がある場合でも，それらの間での力は，2つずつの物体の間に働く．そしてその力による運動量の変化は，系3と同じ議論により打ち消しあうので，合計は変わらない．つまり全運動量，すなわち全物体の運動量の合計は，物体どうしの間での力によっては変わらない．

(2)共通重心の位置とは，各物体の位置座標に質量を掛けて足し合わせ，全質量で割ったものである（質量を重みにして，位置の平均を求めるということ）．したがって，共通

重心の速度とは，各物体の速度に質量を掛けて足し合わせ，全質量で割ったものである。ところが，「各物体の速度に質量を掛けて足し合わせたもの」とは，このシステムの全運動量にほかならず，したがって（外部から力を受けなければ）一定である。したがって，共通重心の速度も一定である。（終）

系5

物体の運動は，それを表す空間が静止しているか，回転せずに一様に動いているかにかかわらず，異なることはない。

解説「それを表す空間」とは，相対空間（用語の定義を参照），現代風の言い方では基準あるいは座標系のことである。また，「異なることはない」とは，物体間の相互運動そしてその変化が，（互いに回転せずに一様に動いている）どの基準で見ても同じだということである。

この定理のニュートンによる証明は（現代風の用語も使って）次のとおり。互いに等速で動いている2つの基準（座標系）を考える。2つの物体の相対的な速度（速度の差）は，どちらの基準でも同じである。空間が動いていても，その動きが一様ならば，物体の相対的な速度には影響しないからである。そして物体間の作用（衝突における力など）は，物体の速度に依存するにしても，その差にしか依存しないので，どちらの基準でも同じである。したがって，第2法則を使って得られる，作用の結果として生じる各物体の速度の変化は，どちらの基準でも同じである。したがって，（作用が働

いた後でも）物体の相対的速度はどちらの基準でも同じである。(終)

　ニュートンは船での実験を引用し，船が静止していても，直線上を一様に動いていても，船内の出来事は同じであるという。ガリレオを引用はしていないが，彼を意識してのコメントだろう。

　また，系5での「一様」とは，系4での使い方から考えれば，等速の運動だということだろう。しかし定理の証明から考えると，必ずしも等速である必要はない。全体が同じように加速されていれば，相対的な速度の変化には影響しない（回転している場合には，回転の中心からの距離によって加速のしかたが違うのでそうはいえないが）。

　つまり全体が加速されている場合にも，次の定理が成り立つ。ただしこの定理は，基準（空間）が動くという話ではなく，複数ある物体全体が動くという状況で考えている。

─ 系6 ─────────────
　諸物体が等しく平行に加速されても，互いに相対的な運動は変わらない。

─[運動の法則についてのニュートンの注釈]─
　ニュートンは，運動の法則についてまず，「これらは数学者によって承認され，豊富な実験によって確かめられている原理である。最初の2つの法則と最初の2つの系を使って，ガリレオは物体の垂直落下運動および放物

線運動を説明した」と述べた後，作用反作用の法則について，その根拠や意味を長々と解説しているが，その一部だけを紹介する。

まず，運動量保存則を確かめる実験を説明する。**球形の重りを付けた，同じ長さの2つの振り子を並べてぶらさげる。重りの片方，あるいは両方を，互いから離すようにもちあげ（ヒモをたるませない），手を離して重りを落下させ真下で衝突させ，衝突後に反発してどこまで上がるかを測定する。その測定結果と重りの質量がわかれば，衝突の結果としてそれぞれの重りの運動量がどれだけ変化したかがわかる。そしてその差が等しいことが確かめられる。運動量保存則は作用反作用の法則の結果なので，少なくとも衝突のときにはこの法則が成り立つことが確認される。**そして，以上の実験はほかの人がすでに行っているが，空気の抵抗の効果や，衝突のときの反発のしかたなどが十分に考慮されていないので，自分でも実験をやり直し，結果が正しいことを確かめたとしている。

次に，引力についても作用反作用が成り立つべきであることを次のように説明する。**1つの物体を3つの部分に分けて考えよう**（図4-3）。**両側のAとCの間に引力が働くとする。AはCに引きつけられ，Bに，それに比例した右向きの圧力をかける。CはAに引きつけられ，Bに，それに比例した左向きの圧力をかける。もし両側の圧力が等しくなければ，Bは，そして結局はこの物体全体が動き出すが，しかし，何も外部から力を受けていない物体が動き出すというのはおかしい（慣性の**

```
    ┌─────┐
┌───┤     ├───┐
│ A │  B  │ C │
└───┤     ├───┘
    └─────┘
```

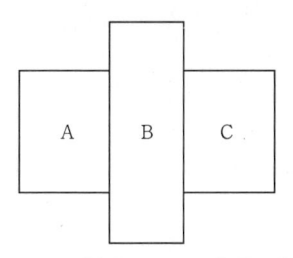

図4-3 引力についての作用反作用
AとCが引き合うとBは両側から力を受けるが，その大きさは等しくなければならない

法則に反する)。したがって，AとCが互いに引きつけ合う力は等しくなければならず，作用反作用の法則が成立しなければならない。

このことを磁力について実験するために，別々の容器に磁石と鉄を入れて水面に静かに並べて浮かべる。容器はくっついたまま動き出さなかった。磁石が鉄を引きつける力と，鉄が磁石を引きつける力は逆向きで大きさが等しいので，容器が磁石と鉄それぞれから押される力も逆向きで等しい。だから動き出さないのである。

重力についても議論をするが，同じような話なので省略する。

3．運動の3法則に関するコメント

運動の3法則が何を意味するか，という問題は従来からいろいろな議論があった。またプリンキピアにおける意味と，その後に微分方程式を使い出してからの意味は区別して考え

なければならない。これらのことについて、この章の最後にコメントを加えておこう。

まず第2法則だが、運動量の変化は力に「比例する」と書かれている。なぜ「等しい」と書かなかったのだろうか。この後の章を読んでいただければ気付くだろうが、ニュートンはさまざまな定理を「○○と××は比例する」という表現で済ましている。比例係数は何かといった点はあまり気にしていない。それで十分だからだが、比例係数は2や3といった単なる数なのか、何かに依存する量なのか、とまどうこともある。

ここでの第2法則では、比例係数は単なる数である。ただ、力の大きさ自体をこの第2法則を考えずに決める方法がないので「比例する」と書いていると推定される。2つの力の大きさの比率は、たとえばこの章で説明したテコの原理を使えば、原理的には決めることができるが、力の大きさ自体はそれでは決まらない。すべての力の大きさが2倍あるいは3倍だとしてもテコの原理は成り立つ。むしろ第2法則で、比例係数がある値、たとえば1（つまり運動量の変化率＝力）となるように力の大きさを定義するしかない。

テコの原理は使わず、運動の3法則だけで話を閉じようとすれば、比率も含めて力の大きさは第2法則から決めるしかない。しかしだからといって、第2法則が力の定義式だと言ってはいけない。ある特定の物体の特定の運動を観察して、第2法則（すなわち運動量の変化率＝力の式）を使って力を決めたら、同じ力が働いているはずの他のいかなる状況でもこの関係が成り立つというのが、第2法則の内容である。

定義1で問題にした質量についても同様である。運動

量＝質量×速度なので，ある特定の運動に第2法則を使って，あるいは（力を使いたくなければ）第3法則も組み合わせて得られた運動量保存則を特定のプロセスに使って，質量を決めることができる。といっても，第2法則や第3法則が単なる質量の定義式ではないのは，力の場合と同様である。

　もう一点，第1法則と第2法則の関係を説明しておかなければならない。ニュートンにおいては，物体の運動は固有の力（慣性のこと）の効果と，加えられた力の効果の組み合わせで決まるとみなされ，前者を第1法則，後者を第2法則としている。しかし現代風に第2法則を，

　　　　質量 × 加速度 ＝ 力

と書くと，これには第1法則も含まれてしまう。なぜなら，力＝0ならば加速度＝0となるから，（速度の微分が加速度であることを考えると）これは速度＝一定であることを意味し，まさに慣性の法則（第1法則）である。

　第2法則をこのように考え，「力」とは加えられた力のことであり，慣性を固有の力とはみなさなくなったのは，プリンキピア出版から約半世紀後，18世紀中ごろのことである。そのような場合に第1法則は無用なのだろうか。

　これについてはいろいろの議論があるようだが，私は次のような見方を支持する。すなわち，

第1法則：物体は，外部から何も影響を受けなければ等速直線運動をする。つまり加速度はゼロである（もう少し厳密に表現すれば，加速度がゼロであるように見える基準が存在する）。

第2法則：外部からの影響があると加速度が生じるが，その影響はベクトル量によって定量的に表され（それを力と呼

ぶ），質量 × 加速度 ＝ 力という関係が成り立つ。

つまり第1法則は，第2法則が存立するための大前提だということである。

第5章　第Ⅰ編 Section 1 準備

　いよいよ第Ⅰ編が始まる。「以下の諸命題の証明に補助として用いられる諸量の最初と最後の比の方法」と名付けられている第Ⅰ編 Section 1 の紹介から始めよう。ここでは，プリンキピア全体を通じてニュートンが使う手法が説明されている。それは現代的な代数的方法（数式による方法）ではなく，幾何的方法（図形による方法）である。そして，図形を小さくしていったときの極限で，さまざまな量の比率がどうなるか，ということを論じることが特徴である。重要なものだけを選んで解説していこう。

　最初に紹介する補助定理2は，一部が曲線で囲まれている図形の面積の求め方である。高校の数学の教科書にも載っている，定積分（求積法）の考え方にほかならないが，ニュートン自身が微分積分という考え方の創始者であることを念頭に読んでいただきたい。

── 補助定理2　[曲線で囲まれた図形の面積] ──
　上部が曲線で囲まれる図形の面積は，「内接する，狭い一定の幅（AB，BC など）をもつ長方形の面積の和」を考え，その幅を減らしていった場合の面積に，究極的に等しくなる。同様に，「外接する，狭い一定の幅をもつ長方形の面積の和」を考え，その幅を減らしていった場合の面積にも，究極的に等しくなる（図5-1）。

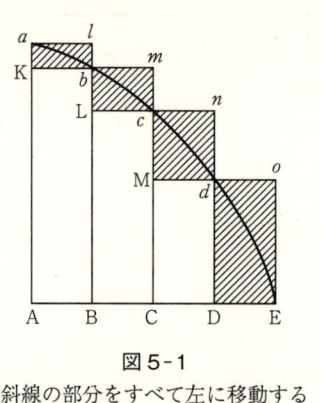

図5-1
斜線の部分をすべて左に移動する
と，長方形 $a\mathrm{AB}l$ に一致する

解説 証明は簡単で，「外接の場合」と「内接の場合」の面積の差は図の斜線の長方形（$a\mathrm{K}bl$, $b\mathrm{L}cm$ など）の面積の和だが，それはすべて左側にずらせば1つの細長い長方形（$a\mathrm{AB}l$）の面積に等しい。幅を狭くしていけばその面積は究極的にゼロになるので，「外接の場合」と「内接の場合」の面積は究極的に等しい。したがって，それらの面積の中間の面積をもつ曲線図形の面積もそれに等しくなる。（終）

補助定理3では，上の証明で考えた長方形の幅は（最終的にすべてゼロになるならば）等しくなくてもよいと論じ，一般に，曲線で囲まれた図形は直線図形（直線の折れ線で囲まれた図形）の極限とみなせる，と説明する。

補助定理5 ［相似図形の比］

2つの相似図形の対応する辺の長さ（直線でも曲線で

もよい）はすべて比例し，**面積は辺の比の 2 乗に比例する**。

ニュートンは特に説明は付けていない。これ以降，特に直角三角形の相似をよく使う。直角三角形の場合には，直角部分以外のもうひとつの角が等しければ相似である。したがって図に記されているような関係が成り立つ（図 5-2）。

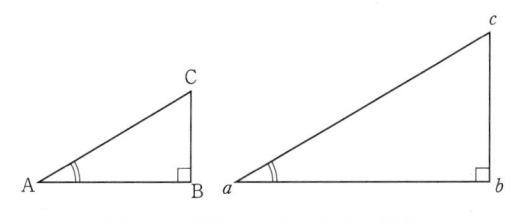

図 5-2　相似な直角三角形の関係
∠A=∠aならば△ABCと△abcは相似
⇒辺の比率が等しい
AB : BC : CA = ab : bc : ca
商の形にすれば，

$$\frac{AB}{ab} = \frac{BC}{bc} = \frac{CA}{ca}$$

積の形にすれば，
AB・bc = BC・ab など

これ以下のいくつかの補助定理は，物体の曲線軌道を分析する際の基本的な手法を説明するものであり，非常に重要。

補助定理 7　［極限での線の長さの比］

滑らかな曲線 ACB を考える。AD は A での接線，AR は A での法線（接線に垂直な線）である。R は法線上

の，ある固定された点（著者注：ARは法線である必要はないのだがプリンキピアの図にはそう描いてあるので，以下，法線として扱う）。また，RBが接線と交差する点をDとする（図5-3）。

次に，Rの位置を固定したままBを曲線に沿ってAに近づける。すると，AB，$\overset{\frown}{AB}$，およびADの長さはゼロに近づくが，その比は1：1：1になる（ABとはAとBを結ぶ線分〈弦〉，$\overset{\frown}{AB}$は曲線に沿った部分〈弧〉を意味する。ただしこの曲線は円とは限らない）。

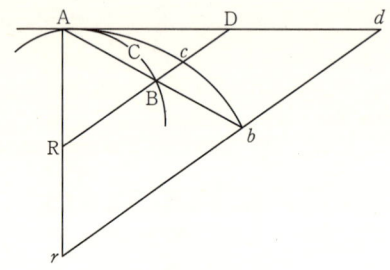

図5-3
Rとdの位置を固定したままBをAに近づける（RD∥rd）。DはAに近づき，rは無限に下に移動する

解説 まず接線上の適当な位置にdを取り，DRに平行にdrを描く。また，bを直線ABとdrの交点とし，$\overset{\frown}{Ab}$を，$\overset{\frown}{AB}$と相似形になるように描く（図形ACBAとAcbAが相似だということ）。すると相似関係から，

$$AB : \overset{\frown}{AB} : AD = Ab : \overset{\frown}{Ab} : Ad \qquad (*)$$

である。次に，この定理で指示されているように，Bを曲線に沿ってAに近づける。そのときDBRはARに近づいて

いくだろう。Bの各位置でDRと平行となるように外側のdrも描くが，そのときdの位置は変えない。したがって，BがAに近づくにつれてrは無限に下方に移動し，AbはAdに近づくので，bは最終的にはdに一致してしまう。その極限では，
$$A b : \overparen{Ab} : Ad = 1 : 1 : 1$$
である。したがって式（∗）より，$AB : \overparen{AB} : AD$も$1 : 1 : 1$に近づく。（終）

　上の定理で問題とする3つの量は，BがAに近づく極限ですべてゼロになってしまうため比較しにくい。そこでそれらの代わりに，比は等しいがゼロにならない量に移して考えたところがこの証明のポイントである。

　この定理の直感的な意味を考えておこう。ABと$\overparen{AB}$の長さはふくらみのあるなしだけが違う。しかしBがAに近づく極限ではこのふくらみは無視できる，というのがこの定理の主張である。確かに，曲線のごく一部だけを見ればほとんど直線に見えるので，ABが短くなればふくらみの効果（$\overparen{AB}$とABの差）は小さくなる。しかしABの長さ自体も小さくなるので，本当にABと$\overparen{AB}$の比率が1になることを主張するには，「$\dfrac{ふくらみの効果}{AB}$」という比率がゼロになることを示さなければならない。もしふくらみの効果がAB^2に比例すれば（実際，そうなのだが），
$$\frac{ふくらみの効果}{AB} \propto \frac{AB^2}{AB} = AB$$
であり（∝は「比例する」という意味の記号），ABがゼロ

になる極限ではこの比率はゼロになる。ニュートンの証明はこのこと自体を直接示したわけではなく、ふくらみが無視できることを示すことによって、間接的に証明したことになっている。

プリンキピア、そして本書でも、上の定理の結果を、
「BがAに近づく極限で、AB = $\widehat{AB}$」
あるいは、
「ABが微小なときに、AB = $\widehat{AB}$」
と、等号で表現する。どちらの量もゼロになるので等しくなるのは当たり前だ、とは考えないでいただきたい。2つの量の比率が1になる、ということを意味する表現である。厳密には、

$$\frac{AB}{\widehat{AB}} \to 1$$

と、比率で(つまり割り算として)書くべきところだが、等号を使った表現のほうが見やすいので頻繁に使う。読者の方にも慣れていただきたい。

次の補助定理は、ゼロになる面積の比率を求める問題である。曲線は短くしていくと直線に近づくという点がポイントであることは、前の定理と変わらない。

補助定理 9 [辺の比と面積の比]

直線 ADE と曲線 ABC があり、DB と EC は平行で ADE に垂直だとする。そして AD と AE の比率を保ったまま、B, C を A に近づけていく。そのとき、△ADB と△AEC の面積の比は、対応する辺(たとえば AD と

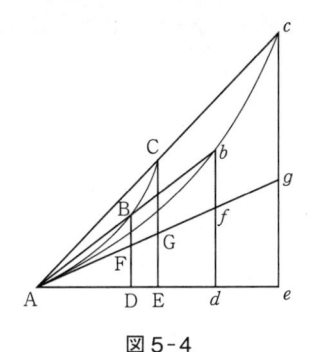

第 5 章 第 I 編 Section 1 準備

AE) の比の 2 乗に近づく（図 5 - 4）。

図 5-4
△ADB と △A*db*，および △AEC と △A*ec* はそれぞれ相似。相似比は等しい

解説 まず直感的な説明をする。AFG は曲線 AB の A での接線とする。B や C が A に近づけば，問題の三角形の面積の比は △ADF と △AEG の比に近づく。しかしこれらの三角形は相似だから，その面積の比は対応する辺の比の 2 乗に等しい。

この説明は間違いではないが不安な点がある。△ADB と △ADF の面積が等しくなることを使っているが，どちらもゼロになるのだから，比が 1 になるのはそれほど明らかではないからである。そこでニュートンは，曲線 ABC に相似な曲線 A*bc* を考え（A での接線は共通），△ADB や △AEC に相似に，△A*db* や △A*ec* を作る。そして B, C を A に近づけるとき，*d* と *e* の位置は固定しておく。すると，問題の 2 つの三角形の面積の比率は，有限な，つまりゼロにならない三角形（△A*db* や △A*ec*）の面積の比率に等しいので，前

記のような心配なしで議論を進めることができる。実際，BとCをAに近づけると（ABやACはAFやAGに近づくので）bとcはfとgに近づき，△Adbと△Aecの比率（すなわち△Adfと△Aegの比率）が，Ad：Aeの比率の2乗，すなわちAD：AEの比率の2乗に近づくことがわかる。（終）

次に初めて，物体の実際の運動の話にふれる。ただし速度のグラフと移動距離との関係が，特に説明せずに使われている。簡単に復習しておこう（図5-5）。

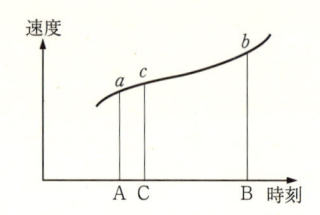

図5-5　速度のグラフと移動距離の関係
時刻AからBまでの物体の移動距離は，図形ACBbcaの面積に等しい

物体が一直線上を動いているとする。その動きを，横軸が時刻，縦軸が各時刻における速度を表すグラフに描いたとする。速度がほとんど一定であるとみなしてよいほど微小な時間間隔（AC）を考えると，その間の移動距離は，

　　　移動距離 = 速度 × 時間

という公式より，ほぼAa×ACの面積，すなわち（ほぼ）ACcaの面積になる。そして時刻AからBまでの間の移動距離は，このような微小時間での移動距離を加え合わせた結果なのだから，結局，図形ACBbcaの面積に等しくなる

(数学の言葉を使えば、速度の定積分が移動距離に等しい、ということである)。

補助定理 10 [ガリレオの落下の法則]

　ある物体がある力によって動き始めるとき、その移動距離は最初は経過時間の 2 乗に比例する(出発点での速度はゼロ)。

解説 補助定理 9 で、横方向が時刻、縦方向が速度であり、A が動き始めた時刻だとする。そして速度の変化が曲線 ABC で表されているとしよう。すると(上で説明したように)たとえば時刻 D までの移動距離は B が A に近付いた極限で△ADB の面積に等しい。したがって補助定理 9 より、この定理が証明される。(終)

　動き始めの微小時間を考えれば力はほぼ一定、したがって速度は時間に比例して増えていくから、移動距離は、動き始めからの時間の 2 乗に比例する、というのがこの定理であり、ガリレオが証明したことだとニュートンは述べている。ガリレオが実験により発見したのは、地表上での物体の落下距離は、(地表上では重力はほぼ一定だとみなせるので)落下始めからの時間の 2 乗に比例する、ということである。ニュートンはガリレオの定理と呼んでいるが、やはりガリレオが関係する慣性の法則と区別するために、ここでは「ガリレオの落下の法則」と呼ぶ。すでに第 2 章(33 ページ)で紹介したことである。

次の補助定理10系1は重要だが言い回しがわかりにくいので，かなりアレンジした表現で紹介する。

―― 補助定理 10 系 1 ―――――――――――――――――

　力が働いていない物体は直線上を動くが（第1法則），力が働くと軌道はずれる（第2法則）。そのずれの長さは最初は，つまりあまり時間が経過していないときは，経過時間の2乗に比例する。

―――――――――――――――――――――――――

解説　特に説明はないが解説をしておこう。前記の補助定理10は静止状態から出発した場合の話だが，系1は，最初から動いている場合を扱う。例として，ある時刻に物体がAにあり，横方向に動いているとする（図5-6）。力が働いていないとすれば（微小な）時間 T の後にBまで到達するとしよう。

力が働いて軌道が図のようにずれたとしよう。時間 T の後の到達点が b だとすれば，Bb が力の方向である。結局，物体はA → b と移動するが，それはA → BとB → b とい

・力が最初の動きに直角な場合

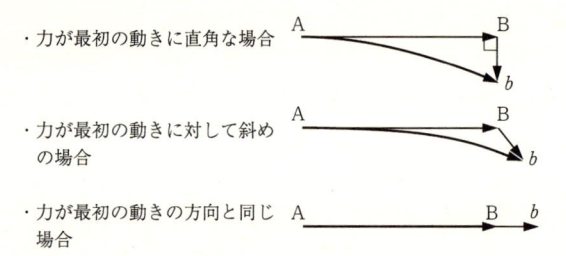

・力が最初の動きに対して斜めの場合

・力が最初の動きの方向と同じ場合

図5-6　最初から動いている場合の物体の動き
　　AB は最初の速度のままの動き，Bb は力による動き

う2つの移動の組み合わせであり（前章の系1，92ページ），最初のA→Bは第1法則の慣性の効果，そして次のB→bは第2法則の力の効果ということになる。そして2番目のB→bの長さが経過時間の2乗に比例するというのが，この定理の主張である。特に証明は書かれていないが，B→bという移動は補助定理10と同じように扱えるから明らか，ということだろう。（終）

力の影響による動きの距離はもちろん，力の大きさによっても変わる。

補助定理10系2

力による軌道のずれは，最初は経過時間の2乗と力の積に比例する（さらに詳しくいえば，加速度（＝ $\frac{力}{質量}$，一定とする）を a，経過時間を t としたとき，ずれの長さは $\frac{1}{2}at^2$ である）。

解説 単に時間の2乗に比例するばかりでなく，力にも比例するということ。証明はされていないが，「運動量の変化（つまり速度の変化）は力に比例する」（第2法則）ので，たとえば図5-4で説明すれば，BD（力によって得られた速度）が力に比例することの結果である。最初の微小な時間だけを考え，力が一定とみなせるとすれば，等加速度運動だから $\overset{\frown}{AB}$ は直線，△ABDは直角三角形になり，BD $= at$，AD $= t$ より，移動距離すなわち面積は $\frac{1}{2}at^2$ であるとい

う，よく知られている主張である。(終)

　次の定理では，いくつかの量が同時にゼロに近づくとき，ゼロへの近づき方に違いがありうることを指摘する。また証明の中で，$a:b=c:d$ ならば $\frac{a}{b}=\frac{c}{d}$, あるいは $ad=bc$ でもある，ということを使う。この関係も今後，よく使われる。

補助定理11［接線からのずれの長さ］

　曲線 AbB があり AD は接線，AC は法線（接線に垂直な線）とする（図5-7）。DB は接線上の点 D から法線に平行に引いた線である。D を A に近づけた極限で，DB の長さは AB の長さの2乗に比例する。

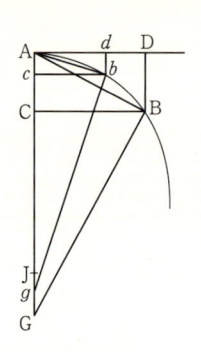

図5-7

∠ABG＝∠Abg＝直角となるように G や g をとる

解説 ABに垂直な直線とAにおける法線との交点をGとする。すると直角三角形△ABDと△GABは相似（∠BADは∠BAGと足すと90°なので，∠BGAに等しい）なので，AB：BD = GA：AB。つまり，

$$AB^2 = GA \cdot BD, \quad \text{あるいは，} \quad BD = \frac{AB^2}{GA}$$

次に，Bをbのほうに動かす。するとDやGもdやgに移動する。そしてBをAに近づけた極限でのGの位置をJとする。すると，この極限でGA（の長さ）は一定値AJに近づく。したがって上の式より，この極限でBDはABの2乗に比例することがわかる（この定理には例外があることをあとで説明する）。（終）

もしこの曲線が円だったらGは最初からJに一致しており，AJはその円の直径である（円の基本的性質として，AJが直径でありB や b が円周上の点ならば ∠ABJ = ∠AbJ = 直角〈直径に対する円周角だから〉である）。また，BをAに近づけた極限ではAB = $\widehat{AB}$であるから（補助定理7），この極限では，

$$BD = \frac{\widehat{AB^2}}{\text{直径}} \tag{$*$}$$

この式はあとで（命題4）で重要な役割を果たす。

一般にはこの曲線は円とは限らない。それでも，A付近でこの曲線に最も近い円（接触円と呼ぶこともある）の直径がAJになる。ただし特殊なケースだが，この曲線がAで非常に平らな場合，すなわちほとんど直線である場合，この円の直径が無限大になることもありうる（数学では，Aで

の曲率がゼロ，あるいは曲率半径が無限大であるという)。そのとき AJ は無限大になり（この場合は，前記の証明は成り立たない），その場合には BD はさらに小さく，AB の3乗，あるいは4乗，5乗，…に比例することもある。このことをニュートンは定理の証明のあとで注意している。

第6章 第Ⅰ編 Section 2
向心力と面積速度一定の法則

　ここから，ある固定された1点から引力を受けた物体の運動について議論する。このような力を向心力と呼び（求心力，中心力ともいう），固定されている力の源を「力の中心」と呼ぶ。惑星が，太陽からの重力を受けて運動するケースなどを想定しているのだが，この章では，重力のように，距離の2乗に反比例する力とは限定せず，一般的な議論を展開する（ただし力が物体の質量に比例することは前提とされている）。

　たとえば，どのような状況で，その物体の運動は向心力によるものと判断できるのか，その力の中心の位置を見つける方法，その力についての法則（距離との関係）を見つける方法などが説明される。そして最後に（命題10），力が中心からの「距離に比例する」場合の運動が楕円になることが説明される。「距離に比例する力」というのは，力の中心から遠くにいくほど力が強くなる，つまりバネの力のようなもので重力とは直接の関係はない。しかし議論が比較的簡単なので，後のためのいい練習問題になるばかりでなく，そこで得られた結果がさまざまな局面で重力のケースに利用できることが，後の章でわかる。

　最初の命題は，「面積速度一定の法則」とも呼ばれるケプラーの第2法則に関するもの。ケプラーの3法則についてはすでに第2章（27ページ）で説明したが復習すると，

> **ケプラーの第2法則** 惑星と太陽を結ぶ線分が単位時間に描く面積は，一定である。

　もし惑星の軌道が完全な円だったら，この法則は単に，惑星が等速で動いているという意味にすぎない。しかし実際は円ではなく楕円であり，太陽と惑星の距離はたえず変化している。面積が一定であるためには，遠方にいるとき，惑星が一定時間に動く弧は短く（つまり速度が小さく），近くにいるときはその弧は長く（つまり速度が大きく）なければならない。しかしなぜそのようになるのだろうか。その理由にニュートンは気づいた。惑星がある固定された1点から引っ張られて動いているとすれば，その軌道がいかにゆがんでいても，面積速度は必ず一定にならなければならないのである。命題1はこのことの証明である。

　証明を紹介する前に，その手法について注意しておく。この証明では，力は常に働いているのではなく，一定の時間間隔で瞬間的かつ断続的に働くと仮定される。つまり，瞬間的な，ただし無限の大きさをもつ仮想上の力を考え，その時間間隔の間ずっと働いていたはずの実際の有限な大きさの力と同一の影響をもたらすとする。このような力を現代の物理では「撃力」と呼んでおり，解説でもその用語を使う。厳密には，撃力が働く時間間隔をゼロにする極限を考えて証明が完結する。

第6章 第Ⅰ編 Section 2　向心力と面積速度一定の法則

命題1　[力が向心力ならば面積速度が一定であること]

公転する物体（たとえば惑星）が，ある固定した1点（力の中心と呼ぶ）に引かれて運動している場合，その物体と力の中心を結んだ線分が描く面積は時間に比例する（面積が時間に比例するということは面積速度が一定であることにほかならない，図6-1）。

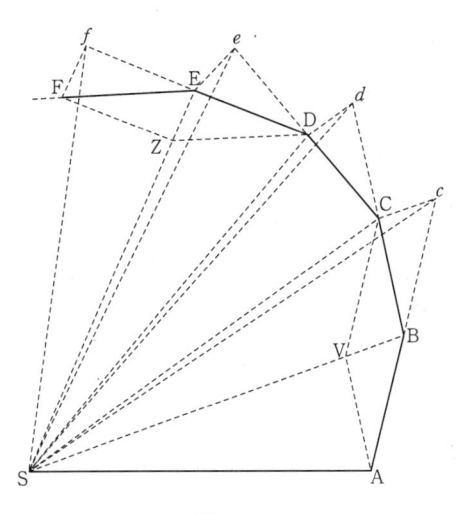

図6-1
物体はSから力を受けながらA→B→C→…と動く。
面積速度一定とは，△SAB＝△SBC＝△SCD＝…

解説　まず，力の源である固定した点（力の中心）をSとする。ある時刻でこの物体はAに位置しB方向に進んでいるとする。そしてある時間間隔の後にBに到達し，そこでSから撃力を受けて，（それまでの速度に加えて）S方向の速度ももつとする。

121

最初と同じ時間間隔の間に，この物体がどの位置にまで進むかを考えよう。もしBで撃力を受けなければ，この物体はまっすぐ進んで，ABと同じ長さのcまで進む（運動の第1法則）。しかしBでS方向の撃力を受けたので，BS方向の速度ももつ（運動の第2法則）。この時間間隔での撃力の影響（BS方向）がBVだとすれば，最終位置はBcとBVを平行四辺形で合成してCと求まる。

　面積速度が一定であることを証明するには，△SABと△SBCの面積が等しいことをいえばよい。この2つの三角形を直接ではなく，△SBcを仲介として間接的に比較する。まず，△SABと△SBcは底辺の長さが等しく（AB＝Bc），頂点つまり高さは共通だから面積も等しい。また，△SBcと△SBCは，底辺（SB）が共通で高さが等しい（SBとCcが平行だから）のでやはり面積が等しい。結局，△SABと△SBCの面積が等しいという，求めるべき結果が求まった。

　この議論を繰り返せば，撃力により次々とできる三角形（図の△SCD，△SDEなど）の面積がすべて等しいことが求まり，三角形を無限に細くした極限として，力が連続的に働く場合にも面積速度が一定であることが求まる。（終）

　この定理は現代の物理学では「角運動量の保存則」と呼ばれている（角運動量とは，面積速度に質量の2倍を掛けた量）。フィギュア・スケーターがスピンしているとき，伸ばしている手を縮めると回転が速くなるが，これも上記の定理と基本的に同じ原理である。手を縮めるとは，惑星が太陽に近づくことに対応するので，面積速度が変わらないために

は，回転が速くならなければならない。

　常にある1点から働いている力を向心力と呼ぶ。向心力の影響下で運動している物体は常に面積速度（角運動量）が一定であるというのが命題1であった。この命題に関係した性質がいくつかあげられているが，あとで引用されるものだけを記しておく。

命題1系1 [軌道から速度を求める]

　ある点に向かって引かれて運動している物体の各位置での速度は，その位置での軌道の接線にその点からおろした垂線の長さに反比例する。

解説　図6-1で△SABと△SBCを比較しよう。ABとBCの長さはそこでの物体の速度に比例するが，そこを三角形の底辺とみなすと，高さは速度に反比例する（面積は一定なのだから）。ところで高さとは，Sからそれらの辺への垂線の長さだが，Sからの垂線とは，軌道を曲線で考えたときは接線へおろした垂線にほかならないから，命題が証明された。（終）

命題1系3 [力の大きさを求める]

　図6-1で，Bにおいて働く力とEにおいて働く力の比は，BVとEZの比に等しい。

解説　BV（$= c$C）は，決められた微小な時間間隔におけるS方向への移動距離（落下距離）であった。この距離は，補助定理10系2（115ページ）より時間の2乗と力の積に比

123

例する。EZ も同様だが，両者で時間間隔は同じなので，その比は力の比に一致する。（終）

命題1は，力が向心力ならば面積速度は一定になるという定理であったが，次の命題はその逆。すなわち，ある物体の軌道のある点から見た面積速度が一定ならば，その物体にかかっている力は常に，その1点の方向を向いている。

命題2 ［面積速度が一定ならば力は向心力であること］
物体がある平面内のある曲線上を動き，その平面内のある点に対する面積速度が一定の場合は，その物体はその点を向く力によって動いている。

解説 命題1と同じ図で考えればよい。ただし命題2の場合，面積速度が一定であることは最初から仮定されているのだから，△SAB と △SBC の面積が等しいことは前提とし，cC と SV が平行であることを示せばよい（cC は，B で働いた力による速度変化の方向なので，B で働いた力の方向にほかならず，それが SV に平行ならば，B での力は S 方向であることになる）。平行であることは △SBc と △SBC の面積が等しい（△SAB と △SBc の面積が等しく〈命題1で証明〉，△SAB と △SBC の面積が等しいので）ことからわかる。この2つの三角形は面積が等しくしかも底辺 SB が共通だから高さが等しくなければならず，したがって頂点（C と c）を結んだ線は底辺に平行でなければならない。（終）

次の命題3では，物体がSのまわりを面積速度一定で回

っており，また S 自体が加速度運動している場合を論じる。たとえば月は地球から向心力を受けながら，地球と月全体としては太陽のまわりを回っている，といったケースである。その場合，もし「地球に対する月の運動が面積速度一定」ならば，月は地球から向心力を受けているほかに，地球が太陽から受ける加速度と同じだけの加速度を，太陽から受けている，と主張する（運動の法則系 6 の逆，99 ページ）。もっともらしい結論なので，この命題の証明は省略する。ただし現実には太陽から月と地球までの距離はやや異なり，したがって太陽の影響は完全には同じではない。したがって「地球に対する月の面積速度」は，正確には一定ではない。そのことも含めた月の運動を考えることも，プリンキピアでのニュートンの重要課題のひとつであった（本書第 10 章参照）。

次の命題 4 は円運動に限定した場合の話である。円運動の向心力（加速度）という，高校物理にも出てくる話だが，それがプリンキピアではどう証明されているかを見てみよう（2 つの方法で証明される）。

命題 4　[等速円運動の向心力／加速度]

ある物体が中心 S のまわりを等速円運動している。そのとき，

(1) その物体は中心 S からの向心力によって動いている。
(2) 向心力は，一定の時間に動いた距離の 2 乗を半径で割った量に比例する。

$$\text{等速円運動の向心力} \propto \frac{\text{移動距離}^2}{\text{半径}}$$

[注] (2)は比例関係であり，プリンキピアではしばしば，比例関係として法則が述べられる。これを等号の法則にするには，単位質量あたりの向心力，すなわち加速度（あるいは定義7の加速的量）を考える。「一定の時間」を単位時間だとすれば，移動距離は速度に等しくなり，そのときは，

$$\text{等速円運動の加速度}\left(=\frac{\text{力}}{\text{質量}}\right)=\frac{\text{速度}^2}{\text{半径}} \quad (*)$$

という等号の法則が成り立つ。これはプリンキピアでは命題4系9で示されるが，ここの解説でこの式まで導いておく。

解説 (1)等速の円運動ならばSから見たときの面積速度が一定なので，命題2より，Sからの向心力によって運動していることがわかる。

(2)図6-2で$\overset{\frown}{PQ}$を，ある一定の微小時間に物体が動いた軌道だとする。QRが，直線からずれた分だから，補助定理10系2（115ページ）より向心力（加速度）は図のQRに比例する。正確には，

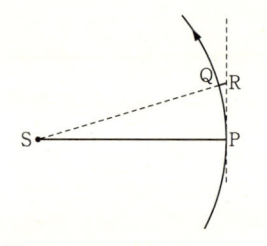

図6-2　点Sから力を受けて動く物体の軌道
QRがS方向への落下を表し，力の大きさに比例する

$$QR = \frac{1}{2} \times 加速度 \times 時間^2$$

さらに補助定理 11（116 ページ）より QR は，Q を P に近づけた極限で，$\widehat{PQ}$ の 2 乗を直径で割った量に等しい（補助定理 11 の解説のあとに出てくる式（*）を参照）。すなわち，

$$QR = \frac{移動距離^2}{直径}$$

これらから QR を消去し，移動距離 = 速度 × 時間であることを使えば，

$$加速度 = 2 \times \frac{速度^2}{直径} = \frac{速度^2}{半径} \qquad (終)$$

上の命題では向心力（加速度）を速度と半径で表したが，

$$速度 = \frac{円周}{周期} = 2\pi \times \frac{半径}{周期} \qquad (**)$$

という関係を使うと，同じことをさまざまな形で表現することができる。たとえば，

命題 4 系 2

向心力（加速度）は $\dfrac{半径}{周期^2}$ に比例する。

命題 4 系 3

周期が等しいならば，向心力は半径に比例する。逆に，向心力が半径に比例すれば周期は一定。すなわち半径には依存しない。

> **命題 4 系 6**
>
> 周期が半径の $\frac{3}{2}$ 乗に比例するときは,速度は半径の平方根に反比例し,向心力(加速度)は半径の 2 乗に反比例する。

> **命題 4 系 7**
>
> 周期が半径の n 乗に比例するときは,速度は半径の $(n-1)$ 乗に反比例し,向心力(加速度)は半径の $(2n-1)$ 乗に反比例する。その逆も正しい。

これらは単に式(*)に式(**)を代入すれば出てくるので,説明は不要だろう。ただ,系 6 には注目する必要がある。「周期が半径の $\frac{3}{2}$ 乗に比例する」という仮定は,いきなりいわれると,なぜこんなことを仮定するのか奇妙に感じられるが,もちろんケプラーの第 3 法則を念頭に置いたうえでの話である。ケプラーの第 3 法則は,惑星の軌道(楕円)に対する法則だが,もし惑星の軌道が楕円ではなく円軌道だったら,まさに系 6 の仮定にほかならない。そしてその場合,向心力は距離の 2 乗に反比例している,というのだから,太陽が惑星に及ぼす力が距離の 2 乗に反比例する,ということであり,万有引力の法則を強く示唆する定理である。

実際,ニュートンはすでにこのことをウールスソープの時代に気づいていたことは,第 1 章で説明した。はっきりした証拠はないが,同時代のほかの人々(フック,ハレー,レンなど)が,太陽と惑星間の力が逆二乗則であると言い出した

のも、このようにして考えたのかもしれない。プリンキピアにもそれらしきことが、注釈として記されている。

このように、円運動の向心力は重要な問題である。ニュートンはこの問題をさらに詳しく論じるとして、命題4の別証明も与えている。この証明には「遠心力」という言葉も出てくるので、その意味でも興味深い。

円運動の向心力の別証明（ここでは向心力が $\dfrac{速度^2}{半径}$ に比例することだけを証明する。その比例係数が1であることも以下の議論を少し詳しくすれば得られるが、プリンキピアには書かれていない）。異なる速度、異なる半径で等速円運動をしている、質量が等しい2つの物体を比較する。ただし最初は円運動ではなく、それぞれの円に内接する正 N 角形上を等速で運動しているとする。ただし N は両物体共通で、しかも非常に大きい、すなわち正 N 角形は円に近いとする。

また物体は、中心から向心力によって引かれているのではなく、円に衝突して反射しながら運動していると考える（図6-3）。衝突するときに物体が円に与える衝撃（ニュートンはこれを遠心力と呼ぶ）が、円が物体を中心へ押し返す力に等しい（向きは逆）。実際には物体は円によって押し返されているのではなく、その分の力を中心から向心力として受けているのだが、いずれにしろ遠心力の大きさがわかれば、向心力の大きさがわかることになる。

まず、1回衝突するときに円から押し返される力（現在の力学の用語では力積）を考えよう。その力は、質量が決まっ

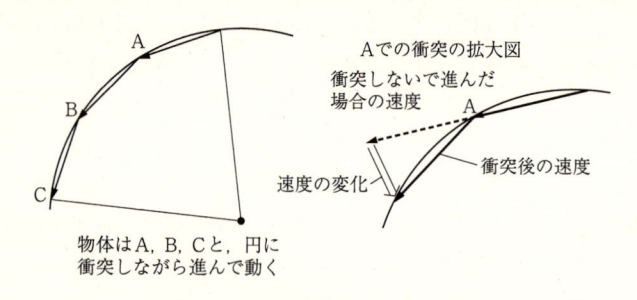

図6-3 等速円運動の向心力の計算

図中の注釈:
- Aでの衝突の拡大図
- 衝突しないで進んだ場合の速度
- 速度の変化
- 衝突後の速度
- 物体はA, B, Cと, 円に衝突しながら進んで動く

ているのならば速度の変化に比例する（運動の第2法則）。速度の大きさは変わらないのだが方向が変わるので，それが速度の変化になる（図6-3）。速度の変化は，速度自体の大きさと，方向の変化によって決まる。しかし N が共通ならば各頂点で軌道が曲がる角度（方向の変化）は正 N 角形の大きさには依存しない。結局，この2物体が1回の衝突で受ける力の比は，その「速度」の比に等しい。

また遠心力は，ある一定の時間内の衝突の回数にも比例する。速度を v とすると単位時間あたりに動く距離は v である。また正 N 角形がほぼ円形だとすると，2つの衝突の間に動く距離は $\dfrac{円周}{N}$ である。したがって，

$$単位時間あたりの衝突回数$$

$$= \frac{単位時間あたりの移動距離}{衝突間の移動距離}$$

$$= \frac{v}{\dfrac{円周}{N}}$$

となるが、Nなど共通の部分を無視すれば右辺は「$\dfrac{速度}{半径}$」に比例する。結局，

　　　遠心力の反作用 ＝ 1回の衝突での力
　　　　　　　　　× 単位時間あたりの衝突回数

は，「$\dfrac{速度^2}{半径}$」に比例する。したがって，向心力も同じである。（終）

　次は，速度がわかっているときに，向心力の源（力の中心）を作図で求める問題。この命題もあとで重要な役割を果たす。

命題5［力の中心を求める作図］

　向心力によって運動している物体の，軌道上の各点での速度がわかっている。そのとき，力の中心Sの位置は次のようにして求まる（図6-4）。

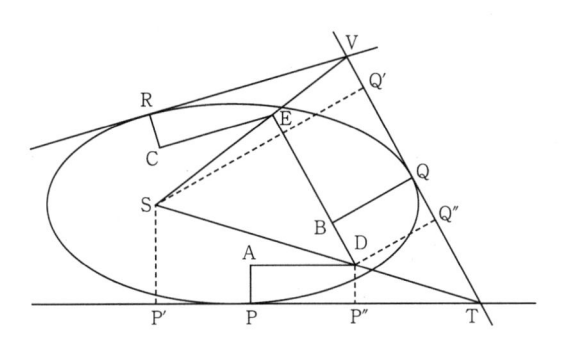

図6-4 軌道上の3点P, Q, Rでの速度からの力の中心Sの求め方

作図法 軌道上の3点P，Q，Rを考える。各点で接線を引き，それらの交点をT，Vとする。またこの3点で法線を引き，その長さは，各点での速度に反比例するように描く。法線の楕円内部の先端を通る，法線に垂直（接線に平行）な直線を3本引き，それらの交点をD，Eとする。そのときVEとTDの交点が，力の中心Sである。

解説 図でSは上記の2直線の交点ではなく，求めるべき力の中心であるとしよう。したがってSDTが一直線上にあることはまだわかっていない。Sから接線PT，QTへおろした垂線の足（垂線と接線との交点）をP′，Q′とする。命題1系1（123ページ）よりSP′とSQ′の比はPとQでの速度に反比例する。同様にDP″とDQ″（どちらもDからの垂線）も作図法からPとQでの速度に反比例する。つまりSP′ : SQ′ = DP″ : DQ″。これは直線STとDTが∠QTPを同じ割合で分割していることを意味し，したがってSDTが一直線上にあることになる。つまり力の中心SはDTの延長上にある。EVについても同様。（終）

次の命題6と命題7は，物体の軌道がわかっているときに，それから向心力の大きさを求めるための基本的な関係式である。証明はかなりややこしく，定理の主張自体も，なぜこんなことをニュートンが考え出せたのか不思議な感じがする。しかし次の章で万有引力の法則を導出するときに（146ページ），必要な重要な定理である。

命題6自体は実質的にすでに導かれており，むしろその系

第6章　第Ⅰ編 Section 2　向心力と面積速度一定の法則

が重要である。

命題6　[向心力の大きさ]

　Sからの向心力を受けて，微小時間の間に物体がPからQに動いたとする。YPはPでの接線，QRはSQの延長線。そのとき向心力はQRに比例し，微小時間の2乗に反比例する（図6-5）。

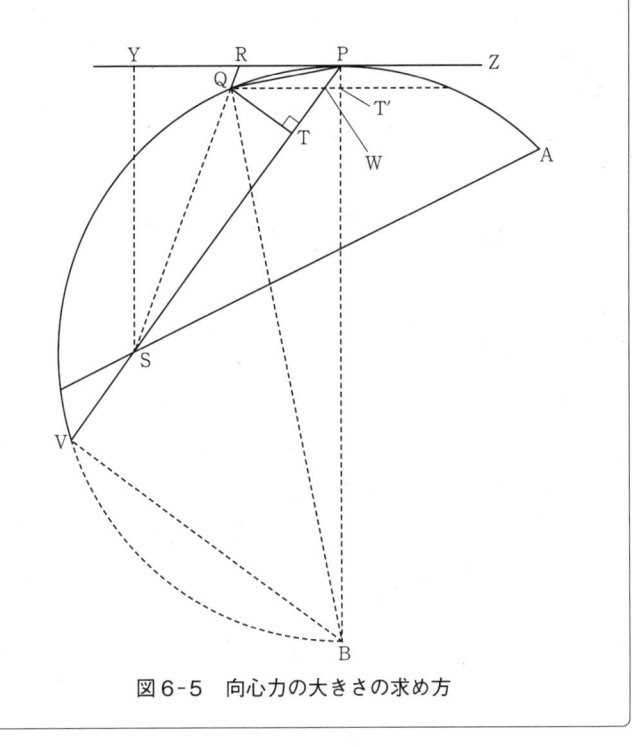

図6-5　向心力の大きさの求め方

解説 QRとは，Pで接線方向に動いていた物体がQまで進

133

んだときの落下距離なのだから，補助定理 10 系 2（115 ページ）より，

$$QR \propto 向心力 \times 時間^2, \quad ゆえに \quad 向心力 \propto \frac{QR}{時間^2}$$

（終）

命題 6 の系

同じ図で T は Q から PS への垂線の足，また Y は S から接線への垂線の足である。また，P でこの曲線と接線が共通で，しかも Q を通る円を考え，この円と PS との交点を V とする。すると Q が P に近づいた極限で，

$$\frac{1}{向心力} \propto \frac{SP^2 \cdot QT^2}{QR} \propto SY^2 \cdot PV$$

解説 最初の比例式は命題 6 の直接の結果である。実際，SP・QT は △SPQ の面積の 2 倍であり，Q が P に近づいた極限では，この物体と S を結ぶ線分が描く部分（SPQ ただし PQ 部分は弧）の面積の 2 倍。向心力を受けての運動なのだから面積速度は一定であり，したがって SPQ の面積は時間に比例する。結局，SP・QT は時間に比例するので，これを命題 6 の「時間」という部分に代入すればよい。

この系の 2 番目の比例式は次のように証明できる。
1．Q が P に近づいた極限では △SPQ と △SPR の面積の比は 1 に近づくので（注），その極限で SP・QT（△SPQ の面積の 2 倍）＝ SY・RP（△SPR の面積の 2 倍）＝ SY・QP（極限で RP ＝ QP だから）。

[注] △SPQと△SPRは高さの方向だけゼロに近づくが、その差である△PQRは高さと底辺ともにゼロに近づくのでその面積は相対的に無視できるからである。

2．この系で導入した円の、Pと反対側の点をBとする。また、QからPBにおろした垂線の足をT'とする。そのとき、△QPT'と△BPQが相似である（∠QPBが共通の直角三角形）ことより、

$$\frac{QP}{PB} = \frac{PT'}{QP}, \text{ゆえに} QP^2 = PB \cdot PT'$$

3．PVとQT'の交点をWとすると、△PVBと△PT'Wが相似であること（∠VPBが共通の直角三角形）と、極限でQR = PWであることより（極限ではQR // PWなので）、

$$\frac{PV}{PB} = \frac{PT'}{PW} = \frac{PT'}{QR}$$

4．上の2と3より$PV = \frac{QP^2}{QR}$。1とこれを使えば、定理の最後の式が求まる。（終）

この結果を使ってニュートンは円運動の場合に次のような定理が成り立つことを発見した。

── 命題7［力の中心が円の中心に一致しないときの円運動］──
物体が向心力により円周上を動いており、向心力の中心が図のSであるとき（Sは円の中心とは限らない）、円周上の点Pでの向心力は$SP^2 \cdot PV^3$に反比例する。ただしVはSPの延長上の円周上の点である（図6-6）。

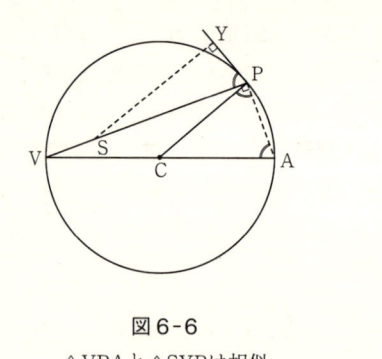

図6-6
△VPAと△SYPは相似

解説（ニュートンが別証明として提示したほうを紹介する）。P, S, Y, V は命題6と同じように定義されている。また、C は円の中心、A は VC の延長線と円との交点である。∠VAP と ∠CPA は等しく（二等辺三角形）、また、∠CPA と ∠SPY は等しいので（どちらも直角から ∠VPC を除いたもの）、∠VAP = ∠SPY であり、したがって △VPA と △SYP は相似。したがって AV : PV = SP : SY。これより、

$$SY^2 \cdot PV = \frac{SP^2 \cdot PV^3}{AV^2}$$

AV は P の位置によらない定数なので、命題6の系より命題7が証明される。（終）

次の2つの系は、2種類の向心力によって同じ軌道が描かれる場合、この2つの向心力の間の関係を与える定理である。これ自体興味深い話だが、次章の Section 3 で重要な役割を果たす。系2は円運動の場合、系3は一般の場合である。

第6章 第Ⅰ編 Section 2 　向心力と面積速度一定の法則

― **命題7系2** ――――――――――――――――――――――

　物体は，Sを力の中心とするある力によっても，あるいはRを力の中心とするある力によっても，同じ周期，同じ半径の円運動をするとする。そのときのPにおける2つの力の比は，$\dfrac{RP^2 \cdot SP}{SG^3}$ に等しい。ただしGは，RPと平行にSから引いた直線の，Pでの接線との交点である（図6-7）。

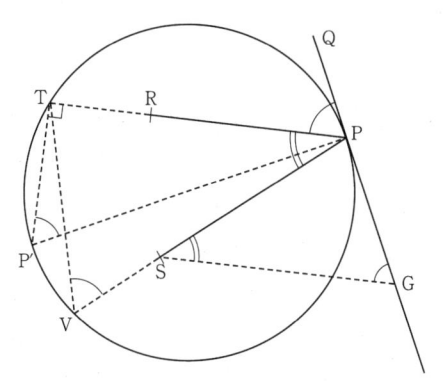

図6-7　点Pにおける2つの力の比

解説　まず，$\angle SGP = \angle TPQ = \angle PVT$ であることに注意する。最初の等号は，SGとTPが平行であることから明らか。次の等号は円の基本的性質（接弦定理）であるが，証明するには補助線としてPと円の中心を通る線PP'を考え，$\angle PP'T$ が $\angle TPQ$ にも $\angle PVT$ にも等しいことを示す。$\angle PP'T$ が $\angle TPQ$ に等しいことは，$\angle P'TP$ と $\angle P'PQ$ が直角であることからわかる。また $\angle PP'T$ と $\angle PVT$ は，同じ

137

弦に対する円周角だから等しい。

さらに∠PSG＝∠VPT（平行線の錯角）でもあるので△PSGと△TPVは相似になる。その結果，$\dfrac{SP}{SG} = \dfrac{PT}{PV}$，結局，

$$SG = \dfrac{SP \cdot PV}{PT} \qquad (*)$$

となる。

ところで，問題の2つの力の比は命題7（135ページ）より，

$$\dfrac{\text{Sが力の中心である場合の力}}{\text{Rが力の中心である場合の力}}$$

$$= \dfrac{RP^2 \cdot PT^3}{SP^2 \cdot PV^3}$$

だが，式（*）を使えばこれは問題の式に等しいことがわかる（証明の中で同じ周期であることをどこにも使っていないように見えるが，じつは命題6〈133ページ〉や命題7の比例関係は面積速度が一定であることが前提なので，同じ周期，すなわち面積速度が同じでなければその結果は使えない……面積速度＝$\dfrac{\text{軌道内の全面積}}{\text{周期}}$なので，軌道が同じ場合には，周期が等しいことは面積速度が等しいことを意味する）。（終）

命題7系3

系2の結果は，軌道が円でない場合でも（面積速度が等しければ）成立する。

第6章　第Ⅰ編 Section 2　向心力と面積速度一定の法則

解説　軌道上の，どの点Pにおいても，そこでこの軌道に最も近い円（接触円，すなわちPでの曲がり方〈曲率〉が等しい円）を考えて，命題7および命題7系2と同様の定理が証明できる（詳細は省略）。（終）

　命題8と9は省略する。その次の命題10は楕円軌道の場合だが，惑星のケースには相当しないことに注意。惑星の場合，力の中心は太陽，つまり楕円の焦点にあるが，以下の命題では力の中心は楕円の中心にあると仮定されている。また，力は距離の2乗に反比例するのではなく，「距離に比例する力」である。

命題10［距離に比例する力のもとでの運動］

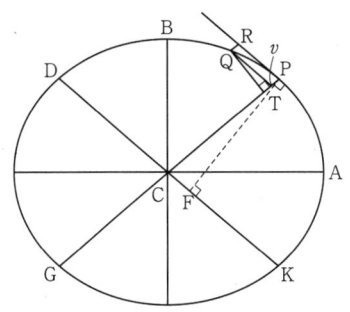

　物体が楕円上を回転しており，力の中心Sが楕円の中心Cに一致しているとき，この楕円上の各点（Pとする）での向心力は，中心からの距離CPに比例する。
（図6-8）

図6-8　中心Cから距離に比例する力を受ける物体Pの楕円運動

解説 証明は目まぐるしい。物体がPからQに動いたとする。GPは楕円の中心を通る直線，DKはCを通りPでの接線に平行な直線，FはPからの垂線の足，TはQからの垂線の足，そしてPRQvは平行四辺形だとする。

向心力は命題6の系（134ページ）により，

$$\frac{1}{\text{向心力}} \propto \frac{\text{CP}^2 \cdot \text{QT}^2}{\text{QR}}$$

なので，右辺がCPに反比例することを示そう。

まず「楕円についての知られた性質」（右ページの注1参照）より，

$$\frac{\text{P}v \cdot v\text{G}}{\text{Q}v^2} = \frac{\text{CP}^2}{\text{CD}^2} \quad (*)$$

また△QvTと△PCFが相似（∠QvT = ∠RPT = ∠PCFだから）であることから，

$$\frac{\text{Q}v}{\text{QT}} = \frac{\text{CP}}{\text{PF}} \text{ すなわち } \text{QT} = \frac{\text{Q}v \cdot \text{PF}}{\text{CP}} \quad (**)$$

また，

$$\text{BC} \cdot \text{CA} = \text{CD} \cdot \text{PF} \text{ すなわち } \text{PF} = \frac{\text{BC} \cdot \text{CA}}{\text{CD}} \quad (***)$$

でもある（下の注2参照）。さらにQがPに一致する極限では2CP = vGである。これらをすべて組み合わせると（QがPに一致する極限では），

$$\frac{\text{CP}^2 \cdot \text{QT}^2}{\text{QR}} = \frac{2\text{BC}^2 \cdot \text{CA}^2}{\text{CP}}$$

（たとえば左辺でまず（**）を使ってQTを，（***）を使ってPFを，そしてQR〈= Pv〉を消去し，さらに（*）

を使って $\dfrac{Qv^2}{Pv}$ を消去してから $2CP = vG$ を使うと右辺が得られる。)

　右辺は，分子が定数（Pの位置によらない）なので，CPすなわち中心からの距離に反比例する。結局，向心力は中心Cからの距離に比例することが証明された。(終)

[注1] 上記の式（*）を証明する。まず円で考えよう。図6-8の楕円が円であるとする。Cが円の中心になるから右辺 = 1。また，Pでの接線はCPに垂直だから Qv も垂直。したがって $\triangle PQv$ と $\triangle QGv$ は相似であり $\dfrac{Pv}{Qv} = \dfrac{Qv}{vG}$。したがって左辺も1となり等号が成り立つ。楕円のときは，円全体をCA方向に一定の割合だけ引き伸ばしたと考えれば，両辺は同じ割合で変化するので，やはり等号が成り立つ（Pv，vG および CP はすべて平行なので同じ割合で変化するし，Qv と CD も平行なので同じ割合で変化する）。

[注2] 式（＊＊＊）は，AとB，およびその反対側で楕円に外接する長方形と，PDGKでこの楕円に外接する平行四辺形の面積が等しいことから導かれる。この2つの図形の面積が等しいことは，この楕円を水平方向に縮めて円にしたとき，どちらも（同じ大きさの）正方形になることからわかる。このように縮めたときは，長方形と平行四辺形の面積も同じ割合だけ縮むからである。

またこの定理の逆（逆定理）として，「**距離に比例する向心力の場合，軌道は（必ず）力の中心を中心とする楕円になる**」と記されている（命題10系1）。証明はない。

このことを証明するには，現代風に表現して，「初期条件」の問題を解決すればよい。「初期条件」とは，ある時刻（出発点とみなされる時刻）での位置と速度（方向と大きさを含む）を意味するが，それはその位置での軌道の方向と曲がり方（曲率）といってもよい（曲がり方を決めるということは，力がわかっているときは速度を決めることに相当する）。そして与えられた初期条件を満たす，力の中心を中心とする楕円が存在することが示せれば，上記の逆定理の証明となる。なぜなら，そのような楕円がもしあれば，この力によって運動する物体の軌道になることはすでに命題10で証明済みであり，また，一方，その条件を満たす軌道は1つしか存在しえないことは運動の法則から示せるからである（注）。つまり条件を満たす楕円があれば，軌道はその楕円でしかありえないことになる。そして，そのような楕円が存在することは，純粋に幾何学上の問題として解決済みであるとニュートンは考えたのだろう。

> [注] この本では紹介しないが，命題42で，初期条件が与えられたときの軌道の作図法が説明されている。

ところで，以上のような定理を現代風に説明すればどうなるだろうか。ある点からの距離に比例する力というのは単振動（バネ）の力にほかならない。したがって，一方向だけの運動だったら，$\sin\omega t$，あるいは $\cos\omega t$ といったタイプの振

動である（ω は角振動数と呼ばれる定数）。したがって原点に力の中心があり，x 方向，y 方向それぞれについてたとえば，

$$x = A \sin\omega t \qquad y = B \cos\omega t \qquad (*)$$

という運動をしていれば，$\sin^2\omega t + \cos^2\omega t = 1$ を使って，

$$\frac{x^2}{A^2} + \frac{y^2}{B^2} = 1$$

と求まる。これは楕円の式にほかならない。式（*）は一例だが，もっと一般的な場合（たとえば θ_0 を定数として $x = A \sin(\omega t + \theta_0)$ とする）でも，式は複雑になるが楕円になることが証明できる。

また，直線上の単振動の場合，（力の強さと物体の質量が決まっていれば）その周期は振動の振幅に依存しないという性質があるが，2次元的な楕円軌道になっても同様の性質がある。すなわち，

命題10 系2

距離に比例する同じ向心力を受けて動く，同じ質量の物体の回転の周期は，楕円の大きさにも形にも依存しない。

解説 ニュートンの証明は，次の3段階に分けられる。

・第1段階：「相似な楕円の場合には周期が等しい」

2つの相似な楕円を考え，その相似比（長さの比率）を r とする。それぞれの楕円上の対応する点を考える。同じ微小時間でのそこでの物体の落下距離（図6-8のQR）は，力に比例するから，命題の仮定により中心からの距離に比例す

る。つまり対応する点付近での落下距離の比率は r である。したがって，2つの楕円は相似であることから（図形PQRも2つの楕円で相似），同じ時間内での物体の移動距離（たとえば図6-8のPQ）も比率は r でなければならない。したがってそれぞれの軌道上での物体の速度の比率も r である。一方，軌道の全長の比率も r なので，1周にかかる時間，つまり周期は楕円の大きさに依存しなくなる。

・第2段階：「長軸が共通な楕円の場合には周期が等しい」

面積速度は一定だが，長軸上（図6-8ではA）に物体がきたときに計算したとすれば，

$$面積速度 \propto 長半径 \times 長軸上にきたときの速度$$

また，

$$楕円の面積 = \pi \times 長半径 \times 短半径$$

なので，

$$周期 = \frac{面積}{面積速度} \propto \frac{短半径}{長軸上にきたときの速度} \quad (*)$$

そして，長軸上にきたときの速度は短半径に比例するので，周期は短半径に依存しないと結論づけるのだが，その比例関係の証明は書かれていない。以下は，私流の説明である。

運動の短軸方向の成分だけを考える。これは図6-8のBで（短軸方向には）静止していた物体が，長軸に向けて落下する運動である。力の短軸方向の成分は長軸からの距離のみで決まり，長軸からの距離に比例する。つまり，短軸方向の運動は1次元的な単振動である。そして単振動の基本的性質として，最大速度はその振幅に比例する（第1段階の特殊例

だと考えればよいが、現代流にはエネルギー保存則からすぐわかる)。これは、長軸上にきたとき(短軸方向の速度最大)の速度が短半径(振幅)に比例することを意味する。

・**第3段階**：任意の2つの楕円は、片方を相似変形すれば長半径を等しくできるので、以上の2つの結果を使って周期が等しいことが証明される。(終)

第7章 第Ⅰ編 Section 3 ケプラーの法則の証明

　Section 3 はプリンキピアの第 1 の山である。惑星の軌道がほぼ太陽の位置を焦点とする楕円である（ケプラーの第 1 法則）ことから，「重力は物体間の距離の 2 乗に反比例する」という，自然科学における最も重要な知識のひとつが導かれる（命題 11）。惑星の軌道が円だとすれば，この法則はケプラーの第 3 法則から導かれることはすでに命題 4 系 6 で説明したが，実際の軌道は円ではない。しかも，円という特殊な図形とは異なり楕円の性質ははるかに複雑である。内容の重要さから見ても議論の複雑さから見ても，この Section のすばらしさは歴史に残るものである。万有引力の法則を使ってケプラーの第 3 法則を導くことも行われる（命題 15）。

命題 11 [楕円軌道からの逆二乗則の導出]

　物体（惑星）の軌道が楕円であり，向心力の中心が楕円の焦点である場合，向心力は距離の 2 乗に反比例する。

解説　図 7 - 1 で S が楕円の焦点で向心力の中心である。命題 10 の図（図 6 - 8, 139 ページ）と軌道は同じだが力の中心の位置が違う。物体が P から Q に動いたとし，PR は P での接線，DK は PR に平行，PF，QT は垂線であることなどは図 6 - 8 と同様。QR は PS に平行，Qx は RP に平行であり，それを延長して PC と交わった点が v である。議

146

第7章 第Ⅰ編 Section 3 ケプラーの法則の証明

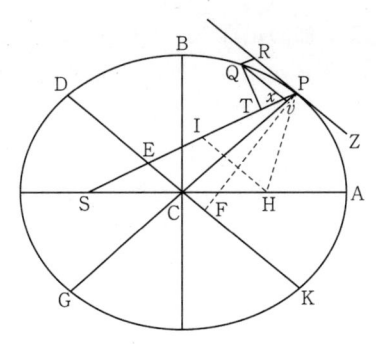

図7-1 焦点Sから力を受ける物体Pの楕円運動
(Hはもうひとつの焦点)

論はかなり複雑なので各段階に分けて説明しよう。

(a) **PE = AC**。**証明**：楕円のもうひとつの焦点を H とし、DK に平行に HI を引く。すると SC = HC だから SE = EI （C が SH を 2 等分するのだから E は SI を 2 等分する）。ゆえに 2PE = PS + PI = PS + PH = AS + AH = 2AC （2 番目の等式は ∠RPI = ∠ZPH〈楕円の性質、次ページの注参照〉より ∠PIH = ∠PHI だから。3 番目の等式は楕円の定義から。最後の等式は楕円が左右対称だから）。

(b) **QR : Pv = PE : PC = AC : PC**。**証明**：最初の等式は △PEC と △Pxv の相似（底辺が平行）および Px = QR より。その次の等式では(a)を使った。

(c) **Gv·Pv : Qv^2 = PC^2 : CD^2**。**証明**：命題 10 の証明の式（∗）（140 ページ）。

(d) **(Q が P に一致する極限で) Qv : QT = Qx : QT = EP : PF = CA : PF = CD : CB**。**証明**：最初の等式は、極限で Qv = Qx だから（極限で vx は QR に比例する、つまり QP の 2 乗に比例するので、QP の 1 乗に比例する Qx と比

147

べて無視できる：補助定理11，116ページ）。2番目の等式は△QTxと△PFEが相似だから（QxとEFは平行なので錯角が等しい）。3番目の等式は(a)より。4番目の等式は命題10の証明の式（＊＊＊）（140ページ）。

ここで，(b)から(d)までの3つの比例式の最左辺と最右辺を掛け合わせた比例式を作る。ただしCDを消去するために(d)は2回，掛ける。また，QがPに近づく極限でGv = 2PCも使うと，結局，

　　QR・2PC：QT^2 = AC・PC：CB^2

書き換えて，

$$\frac{QT^2}{QR} = \frac{2CB^2}{AC} \qquad (*)$$

右辺はPにもQにも依存しない量（定数）だから，左辺も，Qの位置に依存しない量になる。したがって命題6の系（134ページ）の式 $\frac{SP^2 \cdot QT^2}{QR}$ はSP^{2}に比例する。すなわち向心力は，その中心からの距離の2乗に反比例する。（終）

[注]　(a)で使った角度の関係は，楕円の基本的性質である。証明しておこう。図7-2でSとHを楕円の2焦点とし，楕円上の任意の点Pで接線を引く。接線上のP以外の任意の点Rに対して，

　　SP + PH < SR + RH

である。楕円は2焦点までの距離の和が一定の点の集合であり，Rは楕円の外にあるのだから当然だろう。次に，接線をはさんでHの反対側にある点をH′とする。PH = PH′，RH = RH′だから，

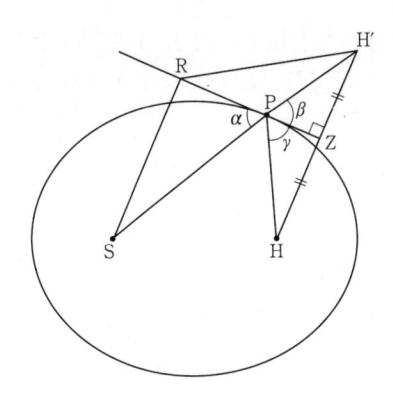

図7-2 ∠SPR＝∠HPZの証明

$$SP + PH' < SR + RH'$$

である。つまりSから，接線上の任意の点Rを通ってH′までいくのに，Pを通るのが最短経路だということである。最短経路とは直線にほかならないから，角度 α と β は等しく，また β と γ も等しいので，α と γ が等しい。これが上記の証明で使った楕円の性質である。

解説の解説 上記の証明は非常に複雑だが，ポイントは式（＊）の左辺が，楕円の位置によらずに一定だということである。左辺の分数はQ，T，Rという3点によって定義されているが，厳密には，これらがすべてPに近づく極限での値である。つまり左辺は，点Pにおけるこの楕円の，ある種の性質を表す量である。それがどのような性質なのかを説明しよう。

まず，命題6の系の証明の最後（135ページ）に，

$$QR = \frac{QP^2}{PV}$$

という関係を導いた（以下，図6-5参照）．Pでの，この楕円の接触円の半径（数学用語ではPでの楕円の曲率半径）をaとする．PB = $2a$であり，∠SPY = θ（焦点方向と接線方向の角度）とすると，∠PBV = θだからPV = $2a\sin\theta$である．したがって上式は，

$$QR = \frac{QP^2}{2a\sin\theta}$$

ちなみにこの式は補助定理11（116ページ）の「BD = $\frac{AB^2}{\text{円の直径}}$」という関係に似ている．ただし補助定理11のBDはAでの法線方向に平行なので$\theta = 90°$であるのに対して，ここでのQRは焦点方向を向いているという違いがある．

このQRを式（∗）に代入すると，

$$\text{左辺} = \frac{QT^2}{QR} = \left(\frac{QT}{QP}\right)^2 \cdot 2a\sin\theta$$
$$= 2a\sin^3\theta$$

である．右辺はPでの楕円の曲率半径aと，接線の傾きθで決まっている量であり，この組み合わせが楕円上でのPの位置に依存しない定数（（∗）の右辺）である，というのが式（∗）の意味なのである．

これは純粋に一般の楕円の図形的な性質である．これを，運動に関する命題6の系の式と組み合わせて逆二乗則を導いたのが，この命題11の証明法である．（終）

別証明 ニュートンは命題7系3（138ページ）を使った，この定理の別の証明も与えている．すでに命題7で苦労して

いるためでもあるが，こちらのほうがかなり簡単である（この証明も命題7の系も1713年発行の第2版で付け加えられたもの）。系3とは，向心力の中心の位置が違うにもかかわらず軌道が同じ場合の，向心力の比率を与える定理であった。命題10も命題11も軌道は楕円なので，この定理が使える。ただし，系2図6-7のSが図7-1のC，図6-7のRが図7-1のSである。すると図6-7のGはここでは，SPに平行にCから延ばした線のPZとの交点である。その点をここでもZとしよう（図7-1のZの位置とはややずれているが）。すると系2の $\frac{RP^2 \cdot SP}{SZ^3}$ はここでは $\frac{SP^2 \cdot CP}{CZ^3}$ であり，したがって，

$$\text{Cからの向心力} = \text{Sからの向心力} \times \frac{SP^2 \cdot CP}{CZ^3}$$

ここでCZ = EP = CA（前証明の(a)）はPによらない定数であり，さらにCからの向心力がCPに比例していたことを考えると（命題10），Sからの向心力はSP^2に反比例することがわかる。（別証明終）

次の命題12では，軌道が楕円ではなく双曲線であり，向心力の中心がその焦点である場合にも，力は距離の2乗に反比例する（逆二乗則）ことを証明している。命題13では同じことを放物線の場合にも示す。

このように，逆二乗則にしたがう力のもとでは，運動は一般に，楕円，放物線，双曲線の3種類が出てくる。この3種類の曲線は総称して円錐曲線と呼ばれ，円錐を平面で切ったときに断面に現れる曲線である（図7-3）。円錐に対する平

Ⓐ Ⓑ Ⓒ

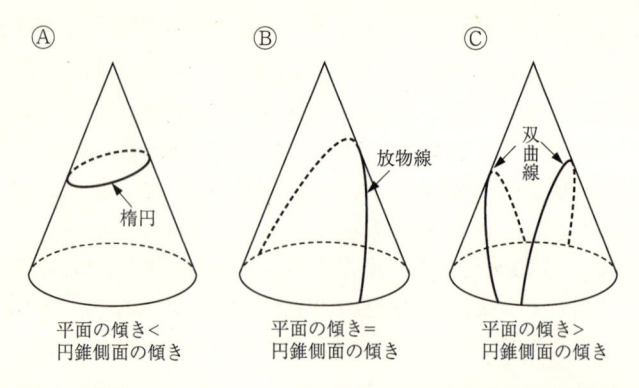

楕円

放物線

双曲線

平面の傾き<
円錐側面の傾き

平面の傾き=
円錐側面の傾き

平面の傾き>
円錐側面の傾き

図7-3 円錐を平面で切ったときにできる3種類の曲線（円錐曲線）

面の傾き方により，どれになるかが決まる。ただし放物線や双曲線は無限に続く曲線であり，惑星の軌道のように，力の中心から無限に離れてしまうことはない場合の軌道は常に楕円である。本書では以後，楕円の話だけに限らせていただく。

以上の命題は軌道から向心力を求めるという話だが，逆の定理も重要である。つまり向心力から軌道を求めるという問題である。実際，向心力が距離の2乗に反比例しているとき，その軌道が円錐曲線のいずれかになることが，命題13の系として記されている。

命題13系1 ［逆二乗則にしたがう力のもとでの軌道］

任意の物体がある位置Pから任意の速度をもってある方向に動き，また，ある点（力の中心）から，そこまでの距離の2乗に反比例する向心力の作用を受けるならば，その物体の軌道はその点を焦点とするなんらかの円

錐曲線となる。

解説 次のように説明される。まず，焦点，軌道上のある位置 P，そこでの接線方向，そして（そこでの向心力も決まっているのだから）そこでの曲がり方（曲率）も決まったとき，そのような条件を満たす円錐曲線が1つ描ける（描く方法は命題17で具体的に示される）。また，同じ条件を満たし，しかも同じ向心力によって説明される異なる軌道はありえないので，この円錐曲線がこの物体の軌道でなければならない。「ありえない」という主張にはもう少し説明がほしいところだが，軌道を力によって構成していく手順を考えれば，結果は1つしかないことは納得できるだろう。（終）

次にケプラーの第3法則の証明をする。命題14はその準備だが，ここでは命題15でまとめて説明する。

─── **命題 15 [ケプラーの第3法則の証明]** ───

ある点を共通の力の中心とする，距離の2乗に反比例する共通の向心力により楕円運動をしている物体（惑星）がいくつかあったとする。各楕円運動の周期は，その長半径の $\frac{3}{2}$ 乗に比例する。

[注] ここでは，異なる惑星に働く「距離の2乗に反比例する共通の向心力」と表現されているが，これはそれぞれの単位質量あたりに働く力（つまり加速度）が距離の2乗のみに比例し，それ以外の点では惑星ごとには変わらない

という意味である。各惑星全体に働く力は、それぞれの全質量に比例する。

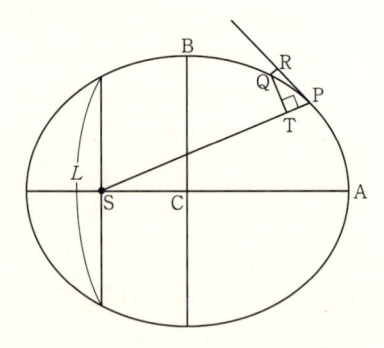

図7-4　ケプラーの第3法則の証明

解説 図7-4のSを共通の向心力の中心とする。各楕円について、命題11と同様の作図をする。ただし各楕円のPQを物体が動くのにかかる時間は、すべての楕円で等しいとする。ここで各楕円について、Lという量を次のように定義する（注参照）。

$$L = \frac{2 \times 短半径^2}{長半径} = \frac{2\,\mathrm{BC}^2}{\mathrm{AC}}$$

命題11の証明の最後の式によれば $L = \dfrac{\mathrm{QT}^2}{\mathrm{QR}}$ である。

QRは落下距離なので力（加速度）の大きさに比例するから距離SPの2乗に反比例し、$L \propto \mathrm{QT}^2 \cdot \mathrm{SP}^2$ である（この式を含め以下すべての比例関係の比例係数は、すべての物体に対して、またすべてのPの位置に対して共通であることに注意）。

またQT・SP（△SPQの面積の2倍）は面積速度に比例す

るので，

$$L \propto 面積速度^2$$

であり，したがって面積速度は L の平方根に比例することがわかる。ここまでが命題14である。

次に，各物体の運動の周期を考える。楕円の面積は $\pi \times$ 長半径 $\times$ 短半径であることを使うと，

$$周期 = \frac{楕円の面積}{面積速度} \propto \frac{長半径 \times 短半径}{L^{\frac{1}{2}}} \propto 長半径^{\frac{3}{2}} \quad (終)$$

[注] この証明で登場する L は通径と呼ばれ，図7-4の L の長さに等しいのだが，証明には関係のないことなので，本書では単に L と書くことにする。楕円の形が決まれば決まる量である。

命題16 [速度を求める]

命題15と同じ状況を考える。物体がPを通過しているときの速度を考える。SからPでの接線におろした

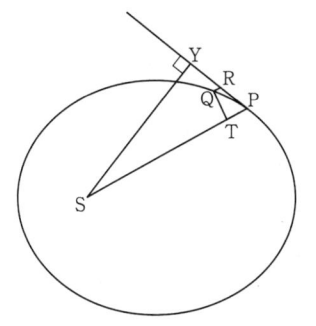

図7-5 物体の位置Pにおける速度の求め方

垂線の足を Y とすると，速度 $\propto \dfrac{L^{\frac{1}{2}}}{SY}$。あるいは同じことだが，$L \propto$ 速度$^2 \cdot SY^2$（図 7 – 5）。

解説 ある決まった時間の各楕円での物体の移動が，（それぞれの楕円での）P から Q であったとする。速度は各楕円での PQ に比例する。Q が P に近づく極限で PQ：QT ＝ SP：SY なので（△QPT と △SPY の相似），速度 $\propto \dfrac{QT \cdot SP}{SY}$ である。$QT \cdot SP \propto L^{\frac{1}{2}}$ であることはすでに命題 15 の証明で示したので，題意が証明された。（終）

円の場合には，短半径も長半径も SY もすべて半径になるので，速度 $\propto$ 半径$^{-\frac{1}{2}}$（半径の平方根に反比例）となる。実際，最初から円運動だとすれば簡単に証明でき，

$$\text{加速度} = \frac{\text{速度}^2}{\text{半径}} \quad \text{（円運動の加速度の公式）}$$

であり，かつ，

$$\text{力（加速度）} \propto \frac{1}{\text{半径}^2}$$

でもあるので（逆二乗則），速度 $\propto$ 半径$^{-\frac{1}{2}}$ になる。この結果はあとで使う。

ここまでは，軌道が与えられているときに，それをもたらした向心力や周期を求めてきた。次の命題では逆に，（距離の 2 乗に反比例する）向心力が与えられたときに軌道を作図するという問題を扱う。

第7章　第Ⅰ編 Section 3　ケプラーの法則の証明

命題17 [軌道の作図]

　距離の2乗に反比例する向心力が働いているとき、ある位置Pからある方向にある速度で動いている物体のその後の軌道を求めよ。ただし、この向心力により実現される楕円運動のうちのひとつ（Pを通る必要はない）は知られているものとする（著者注：「ただし」以下はこの向心力の大きさを指定するためのものであり、本書では基準軌道と呼ぶことにする、図7-6）。

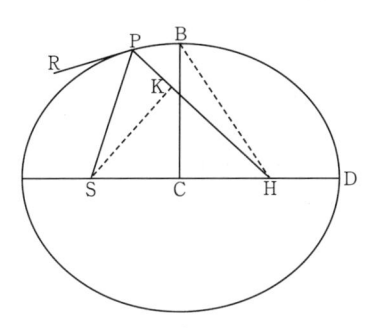

図7-6　力の中心Sと、位置Pでの運動の方向からの楕円軌道全体の決め方（＝もうひとつの焦点Hの決め方）

解説　向心力の中心をS、与えられた物体の位置をP、速度の方向（軌道の接線方向）をRとする。まず、この物体の軌道が楕円であると仮定し、もうひとつの焦点Hを求める方法を考える。PHはPSと、PRに対して同じ角度をなす（楕円の基本的性質、命題11の注〈148ページ〉を参照）。したがってPHの長さを求めればHの位置がわかる。

　Kを、SからPHにおろした垂線の足だとする。すると、

$$SH^2 = SK^2 + HK^2 = SP^2 - PK^2 + (PH - PK)^2$$
$$= SP^2 - 2PH \cdot PK + PH^2$$

また，この楕円の長半径を a，短半径を b とすると，

$$SH^2 = 4CH^2 = 4BH^2 - 4BC^2$$
$$= 4a^2 - 4b^2 = (2a)^2 - 2a\frac{2b^2}{a}$$
$$= (SP + PH)^2 - (SP + PH)L$$

($2BH = BH + HD = 2a$, $SP + PH = 2a$ を使った。28ページ参照。また命題15と同様，$L = \dfrac{2 \times 短半径^2}{長半径}$ とする）。

この2つの式の右辺が等しいという式を整理すると，

$$PH = \frac{SP \cdot L}{2SP + 2PK - L} \qquad (*)$$

となる。これが H の位置を決める式である。P から見た H の方向はわかっているので，その方向の，この式の右辺から決まる距離のところが H である。右辺では，SP と PK の長さはわかっており，L は基準軌道の L から得られる（命題16によれば，L は S から接線への垂線の長さの2乗と速度の2乗の積に比例するので，それを使えば基準軌道の L と，この問題の軌道での L の比がわかる）。

2つの焦点 S と H，そして通る点 P が与えられれば楕円が決まる。これが，この向心力による物体の，問題の条件を満たす軌道である。ただし H が決まるためには，式（*）の右辺が正，すなわち $2SP + 2PK - L > 0$ でなければならない。$2SP + 2PK - L = 0$ の場合には放物線になり，$2SP + 2PK - L < 0$ の場合には双曲線になるのだが，ここではその議論は省略する。（終）

第8章 第Ⅰ編 Section 6〜8 時刻と位置

 Section 4, Section 5 は純粋に幾何に関する章である。なんらかの条件が与えられたとき,それを満たす円錐曲線をどのように描くかといったタイプの問題がたくさん議論されているが,ここでは省略させていただく。

 その次の Section 6 から Section 8 は物体の運動の問題である。Section 3 までは,向心力から軌道の形を求める,あるいは軌道から向心力を求める,といったタイプの問題を扱ってきた。それに対してこれらの Section での問題意識は,各時刻で物体はどこにあるか,という点にある。力学の問題としては重要だが,プリンキピアの第一目的である世界体系の話(本書の第3章)には直接関係しない話なので,ニュートンの論理の方向を理解するために,一部だけを選んで紹介する。まず Section 6 は放物線のケースから始まるが,それは省略して次の,楕円についての命題 31 を解説する。

命題 31 [楕円軌道上での各時刻における物体の位置]

 O を中心, S を焦点 (向心力の中心) とする楕円 ABP 上を物体が運動している (図 8-1)。ただし P は, 物体が時間 t 後に A (長軸との交点) に到達するような位置であり, 比 $\frac{t}{T}$ が与えられているとする (T は周期)。そのとき P の位置を作図せよ。

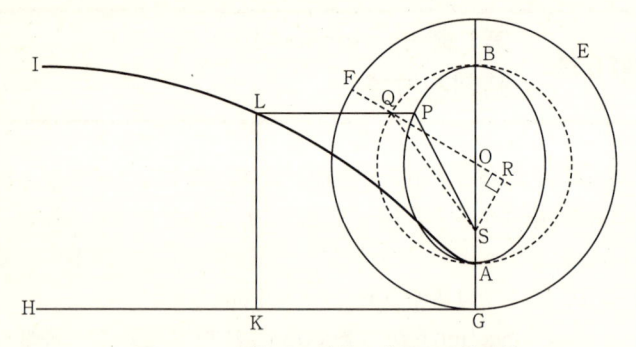

図8-1 時刻tでの物体の位置Pの作図法

作図法 ABQはこの楕円と長軸で接する円。外側の円の半径OGは，OG：OA ＝ OA：OS という関係から決める。GHはGでの接線で，GK：外側の円周 ＝ $t : T$ となるようにKを決める。また，曲線AIは，外側の円をHG上で左向きに転がしたときにAが通る軌跡である（サイクロイド，あるいはトロコイドと呼ばれる）。そうしたとき，Kでの垂線と曲線AIの交点Lを通りGHと平行な直線と楕円との交点が，求める点Pである（図でQは，LPと円ABQの交点として定義する）。

解説 求めるべきことは，このようにPを決めたとき，面積の比率で，

$$\frac{扇形\,APS}{楕円の全面積} = \frac{t}{T} \qquad (*)$$

が成り立つことである（円の扇形とはその中心を頂点とする図形だが，楕円での扇形とはその焦点Sを頂点とするゆがんだ図形だとする）。この式が成り立っていれば，面積速度

一定ということから,物体がPからAまで移動するのに時間 t かかることがわかる。

証明は,まず最初に,以下の比例関係を求めておく。ただしこの段階ではKはGH上の任意の点であり,L,Q,Pは,それぞれのKに応じて図のように決まる点とする。すると,

$$\frac{\mathrm{SR}}{\mathrm{OA}\sin(\angle\mathrm{AOR})} = \frac{\mathrm{OS}}{\mathrm{OA}} = \frac{\mathrm{OA}}{\mathrm{OG}} = \frac{\text{弧 AQ}}{\text{弧 GF}}$$

最初の等式は,$\mathrm{OS}\sin(\angle\mathrm{AOR}) = \mathrm{SR}$ より。次の等式はGの定義より。最後の等式は2つの円の扇形の相似より。

次に,$\dfrac{a}{b} = \dfrac{c}{d}$ ならばこの両辺の値は $\dfrac{a-c}{b-d}$ にも等しいということを使って上の比例式を書き換えると($\sin(\angle\mathrm{AOR}) = \sin(\angle\mathrm{AOQ})$ も使って),

$$\frac{\text{弧 AQ} - \mathrm{SR}}{\text{弧 GF} - \mathrm{OA}\sin(\angle\mathrm{AOQ})} = \frac{\mathrm{OS}}{\mathrm{OA}}(= \text{一定}) \quad (**)$$

右辺で「一定」とは,その値がPの位置に依存しないことである。

次に,面積について次の関係を導く。

$$\text{扇形 APS} \propto \text{扇形 AQS} = \text{扇形 OQA} - \triangle\mathrm{OQS}$$
$$= \frac{1}{2}\mathrm{OQ}(\text{弧 AQ} - \mathrm{SR})$$
$$\propto \text{弧 GF} - \mathrm{OA}\sin(\angle\mathrm{AOQ}) = \mathrm{GK} \quad (***)$$

上式の中で出てくる2つの比例関係($\propto$)は,Pの位置を変えて作図しても両辺の比率は変わらない,という意味である。まず最初の比例式は,内側の円は楕円を一定の比率

$\left(\dfrac{\text{長径}}{\text{短径}}\right)$ で横に引き伸ばしたものだからである(すべての対応する部分の面積は,その比率だけ大きくなる)。次の等式は自明。その次の等式は扇形と三角形の面積の公式を使う $\left(\text{扇形の面積} = \dfrac{\text{円の面積} \times \text{弧の長さ}}{\text{円周}} = \dfrac{\text{半径} \times \text{弧の長さ}}{2}\right)$。次の比例関係は,まずOQを(定数なので)はぶき,式(∗∗)を使う。最後の等式は曲線AIの性質より(注参照)。

$$\dfrac{\text{扇形 APS}}{\text{GK}} = \text{一定}$$ (Pの位置によらない)という関係が得られた。この一定値を求めるために,PがAから1周してAに戻った場合を考えると,

   扇形 APS = 楕円の全面積,   GK = 円GEFの円周

なので,

$$\dfrac{\text{扇形 APS}}{\text{GK}} = \dfrac{\text{楕円の全面積}}{\text{円GEFの円周}}$$

ここでKを,問題で与えられたように定義すれば(つまり,$\dfrac{\text{GK}}{\text{円GEFの円周}} = \dfrac{t}{T}$),この式は目標とした関係(∗)にほかならない。(終)

[注] 曲線AIは円GEFを左に転がしたときのAの軌跡である。円の回転は左回り(反時計回り)である。紛らわしいのだが,AはOから見れば図の右側に動いているが,O自体が左に動いているので,図に描かれているようにAは左に動く。そしてAがLまで到達するときは,AがQの高さまで上がったのだから,円の回転角の大きさは

∠AOQである（Oが動いていないとしてAがPまで上がるときの回転角と同じなので）。そのときのAの水平方向の移動距離（すなわちGK）は，円の中心Oの「左側」への移動距離（= OG × ∠AOQ〈ラジアン単位で〉= 弧GF）から，円が左回りに回転したことによるAの，Oに対する「右側」への水平移動（= OA sin(∠AOQ)）を差し引いたものである。これより，式（＊＊＊）の最後の等号が得られる。

これでPの位置の求め方はわかったが，現代流に，Pの座標を式で表すことを考えよう。Gを座標の原点とし，水平左方向にx軸を，垂直上方向にy軸を取る。また，∠AOQ = θ，OG = a，OA = bとすると，Lの座標は，

$$x = a\theta - b\sin\theta = \frac{2\pi at}{T}$$

$$y = a - b\cos\theta$$

である（上記注参照）。まずxの式から，tの関数としてθが決まり，それを使えばyが決まるが，Pのy座標もこれに等しい。つまり時刻tと物体の位置座標yは，変数θを通して結び付いている。tとyを直接結び付ける式は簡単な関数（初等関数）では書けない。

次の命題32（Section 7）は，最初，静止していた物体が力の中心に向けて一直線に落下するときの，時間と位置の関係である。前の命題よりはるかに簡単な話だが，その分，ニュートン流の手法がわかりやすいので，紹介しておこう。

―― 命題32［逆二乗則の力を受けた物体の垂直落下］――――

　距離の2乗に反比例する力の中心がBにあり（図8-2），最初，Aで静止していた物体が，Bに向けて一直線に落下する。途中のCにたどりつくまでにかかる時間は，ADC（ADは曲線）と△DBCの面積の合計に比例する。ただし図で曲線ADBは，ABを直径とする半円である。

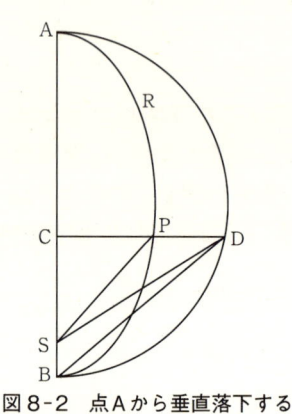

図8-2 点Aから垂直落下する場合の時間経過

[注] 具体的にどの時間にどこにあるかということまでは求めていない。たとえばBまで落下するための全時間に比べて，途中の位置まで落下する時間がどれだけか，ということを示した定理である。命題31で比率 $\frac{t}{T}$ だけを与えたのと同じである。

解説　Aで真横に動き始め，細い楕円軌道を描いてBに到

達する運動を考える（図の ARPB）。そのときの（距離の 2 乗に反比例する）力の中心はこの楕円の下側の焦点 S にあるとする。面積速度一定ということから，P までの経過時間が ARPSCA の面積に比例することは明らかである。しかしこの面積は ADSCA に比例する（楕円 APB は円 ADB を一律に横方向につぶしたものだから）。

次に，この楕円がつぶれて直線 AB になった極限を考えよう。P までの経過時間が ADSCA に比例することには変わりはないが，つぶれていくにつれて S が移動して B に一致するので，C までかかる時間は ADBCA（DB 部分は直線）の面積に比例することになる。（終）

上の命題では，時間と，ある図形の面積の比例関係を求めた。時間自体を求めるにはさらにいくつかの議論が必要となる。ニュートンは，直線運動での落下時間を円運動の周期と関係付ける公式などを導いている（命題 33 から命題 37）。ここまでは距離の 2 乗に反比例する力の話だが，次の命題 38 では距離に比例する力も議論される。

その次の命題 39 は，どのような力に対しても成立する一般的な命題である。ここで微分積分という考え方を利用した議論がなされる。ニュートンは微積分法の創始者でありながら，プリンキピアではあえてそれを避けながら議論を進めており，この命題はかなり例外的なものといえる。証明での論法は，まさに積分の変数変換そのものである。

命題 39 [積分を使って速度と時刻を求める]
　任意の種類の向心力があるとし，それから，あるいは

それに向けて上昇または下降する物体の，各位置での速度あるいは時刻を見出す方法，あるいは速度または時刻が与えられたときの物体の位置を見出す方法。

速度：物体 E が A（静止）から C に向けて落下するとする（図 8-3）。力の中心は C の下方にある。AC に沿った各点で，その点での力の大きさに比例した垂線（たとえば E では EG）を引き，それらの点を結んだ曲線 BG を描く。すると，たとえば E での速度は，面積 ABGE の平方根に比例する。

時刻：面積 ABGE の平方根に反比例するように，EG 上に EM をとり，そのように決めた M を結んだ線を VLM とする。すると，物体が A から E に落下するのにかかる時間は，面積 ATVME に比例する（著者注：A か

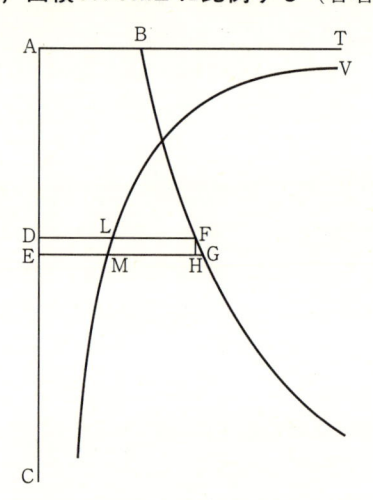

図 8-3　点 A から C への落下運動の各位置での速度と時間の求め方

らTを通って右に無限に進み，それから曲線に沿ってVに戻ってくる。図形は無限に延びているが面積は有限である）。

解説 現代風に説明すると，面積 ABGE は向心力の積分だから，落下物体が向心力から受けた仕事である。エネルギー保存則を知っていれば，これは運動エネルギー（速度の2乗に比例）に比例するので，面積の平方根が速度に比例するのは当然である。

ニュートンはこの命題を証明するために，左ページでの説明のように曲線 BG を力の大きさに基づき決めるのではなく，逆に E での速度の2乗と面積 ABGE が比例すると仮定する。そして EG が力に比例することを示す。

D を E の直前の位置とし，D と E での物体の速度をそれぞれ v, $v + \Delta v$ とする。すると仮定より，D までと E までの面積の差 DFGE は速度の2乗の差に比例する。したがって，

DFGE
$\propto (v + \Delta v)^2 - v^2$
$\fallingdotseq 2v \cdot \Delta v$ （Δv は小さな量なのでその2乗は無視する）
$\propto 2v \cdot (力 \times DE の時間差)$ （速度の変化率は力に比例）
$\propto 力 \cdot (v \times DE の時間差)$
$\fallingdotseq 力 \cdot (DE の長さ)$ （速度 × 時間 ＝ 距離）

ところで DFGE $\fallingdotseq$ DE・EG だから，

EG $\propto$ 力

と，求めたい結論が得られた。

次に時刻を求める方法だが，EM は速度の逆数に比例する

ように取り,それによって作られる曲線が作る面積を求める,ということなのだから,現代風の積分法では,速度 $\dfrac{dx}{dt}$ の逆数 $\dfrac{dt}{dx}$ を x で積分せよということになる。積分の変数変換公式を使えば,

$$\int \dfrac{dt}{dx}\,dx = \int 1\,dt = t$$

となり時間 t が求まるのは当然だが,これをニュートンは次のように表現する。すなわち,ある定まった微小な長さの DE を動くのに必要な時間は速度に反比例する。すなわち面積 ABGE の平方根に反比例するから,面積 DLME には比例する。A から E までにかかる時間はそのような微小時間の合計だから,面積 ATVME に比例する。(終)

この命題は初速がゼロの場合だが,系では,初速がゼロではない場合にはどうするかが説明されている。初速の2乗と,上記命題の面積の2乗の和が,各位置での速度の2乗に等しいという意味のことが説明されている。これも,仕事と運動エネルギーの関係を考えれば当然のことである。

このように,上記の命題39から,ニュートンが仕事とかエネルギーという概念をつかんでいたのではと想像されるが,次の命題40(ここから第I編 Section 8)になると,そのことがさらに明確になってくる。命題39までは直線的な落下運動だったが,ここからは一般の曲線上の,ただし,やはり1つの向心力による運動に話は移る。

第8章　第Ⅰ編 Section 6〜8　時刻と位置

> **命題40 [速さの変化は高度の変化だけで決まること]**
>
> Cを力の中心とする任意の向心力があったとする。ある物体がその力によりなんらかの運動をしており、また他の物体はCに向かって直線的に落下（または逆に上昇）しているとする。そしてそれらが、ある高度（＝Cからの距離）で速さが等しいならば、ほかのすべての高度でも速さは等しい。

[注1] この力は逆二乗則である必要はないが、Cからの距離だけでその大きさは決まっているとする。また、プリンキピアのほかのほとんどの命題と同様、この力は質量に比例しているとする。あるいは、質量が同じ物体だけを比較すると考えてもよい。

[注2] 高度が等しい、すなわちCからの距離が等しいとは、位置エネルギーが等しいということであり、また速さが等しいとは運動エネルギーが等しいということである。つまりこの定理は、位置エネルギーの変化が同じならば、どのような運動であっても運動エネルギーの変化も等しい、ということを意味する。

解説 図8-4で、ある物体1がCに引かれながらVITKkという曲線に沿って運動しており、別の物体2はAVDEと、Cに向かって一直線に落下しているとする。IDおよびENKはCを中心とする円の一部であり、TNはITKに垂直であるとする（I、T、Kの距離は微小）。

この2物体のIとDでの速さが等しかったとする。そのとき、KとEでの速さを比較しよう。IとDでのC方向の

169

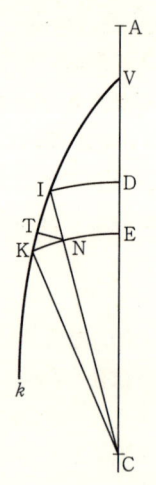

図8-4 VIKという運動と
VDEという運動の比較

力は等しいので,それらの方向と大きさを IN, DE で表す。力 IN は,運動方向の力 IT と,それに直角方向の力 TN に分解できる(ベクトル的な分解)。微小な時間内に物体1の速さに変化をもたらすのは IT だけであり(注参照),これは物体2に働く力 DE よりも小さい。その比は IT : DE である。しかし物体1が IK を動く時間1と,物体2が DE を動く時間2は,速さが同じなので距離が長い分だけ時間1のほうが長い。その比は IK : DE である。

物体の速さの変化は力と時間の積に比例するので,物体1の IK 間の速さの変化と,物体2の DE 間の速さの変化の比は IT・IK : DE^2 である。しかし △ITN と △INK の相似より $\dfrac{\text{IT}}{\text{IN}} = \dfrac{\text{IN}}{\text{IK}}$ なので, IN = DE であることを考えれば,

$$\frac{\mathrm{IT} \cdot \mathrm{IK}}{\mathrm{DE}^2} = 1$$

であることは明らかである。したがって、KとEにおける2物体の速さは等しい。この議論を続ければ、すべての高度で両物体の速さが等しいことがわかる。(終)

> [注] 各時刻での速さの変化率が、その位置における力の運動方向の成分だけで決まることは、次のように説明できる（ただしその位置での変化前の速さがゼロではない場合）。この問題での力ITによる速度の変化をΔv_1、力TNによる速度の変化をΔv_2とし、変化前のIでの速度をvとすると、変化後の速さの2乗は、
> $$(v + \Delta v_1)^2 + \Delta v_2^2 \fallingdotseq v^2 + 2v\Delta v_1$$
> となる。ただし2つのΔvはいずれも微小量なので、その2乗はさらに小さいとして無視した。この結果より、速さの変化はほぼ、Δv_1で決まることがわかる。特にΔvを無限に小さくする極限では、Δv_1だけで決まると断定してよい。ちなみに速度の方向の変化はΔv_2のほうで決まる。
>
> また$v = 0$という特殊なケースの場合は、物体はどこにあってもCに向けての落下運動になるので、この命題が成り立つのは自明である。

命題41と命題42ではさらに、初期条件（出発点での位置と速度）が決まっているときの、運動の求め方を議論している。直線運動に限定されている命題39の拡張だが、抽象的な話になるのでここでは説明を省略する。

第9章 第Ⅰ編 Section 9
軌道自体が回転する運動

　これまでの議論はほとんど，楕円軌道など，ある一定の軌道上を物体が動く場合についてであった。実際，惑星の運動はほぼそうなっているのだが，精密な観測をするとそれほど単純ではないことがわかる。ある1周と次の1周の軌道は正確に同一ではない。おおざっぱな言い方をすると，楕円の形自体はあまり変わらないが，楕円の伸びている方向（長軸の方向）が少しずつ回転している（図3-2，50ページ参照）。万有引力の法則が不完全だからではない。惑星は太陽から力を受けるほかに，他の惑星からも影響を受けるからである。

　また，向心力が距離の2乗に反比例する，あるいは1乗に比例する場合は楕円軌道になることが示されたが（命題10〈139ページ〉と命題11〈146ページ〉），これらの力はむしろ特殊であり，一般の力の場合には，物体は一定の軌道を周回し続けることはない。軌道は1周ごとに変わるのが通常のケースである。しかしこの場合も近似的に，一定の軌道が1周ごとに少しずつ回転するという見方ができる。このような軌道を回転軌道と呼び，軌道が動かない場合を固定軌道と呼ぶことにする。実際の惑星の軌道を回転軌道として分析することは次章で行うが，まず回転軌道と力の関係について一般論を論じるのが，この章の目的である。

　この章で紹介する話をまとめておこう。

1．回転軌道に沿ったある種の運動（命題43で説明）は面積速度が一定なので，向心力によって実現されることを示す

第 9 章　第 I 編 Section 9　軌道自体が回転する運動

（命題 43）。

2．楕円軌道が 1 のように回転する運動を実現させる向心力を，距離の 2 乗に反比例する力と，距離の 3 乗に反比例する力の和として表し，この 2 つの力の比率によって，楕円軌道の回転速度が決まることを示す（命題 44 とその系）。

3．逆二乗則とは限らない，より一般的な力の場合に，軌道がどのようになるかを考える。ただし議論できるのは，円軌道に近い軌道になる場合のみである（命題 45 の例題）。

4．地球のまわりを回る月の軌道も，ゆっくりとだが回転している。その効果がどのような力によって実現されるか，その可能性を吟味する（命題 45 の例題）。

命題 43［向心力による軌道の回転］

ある向心力によって，ある固定された軌道（固定軌道）上での物体の運動が実現されるとする。この軌道を，物体の角速度と比例させて，向心力の中心のまわりで回転させる（著者注：角速度とは，向心力の中心から見た物体の方向の，単位時間あたりの角度の変化，つまり角度の変化率）。この動く軌道（回転軌道）上の物体の運動は，別の向心力によって実現される。ただし物体は各時刻で，その時刻での固定軌道上の位置に対応する，回転軌道上の位置を動くものとする（図 9-1）。

解説　図 9-1 で実線は固定軌道，破線はある時刻 t での回転軌道だとする。C は力の中心であるとともに，軌道の回転の中心でもある。最初の時刻ゼロでは V と u は一致していたとし，固定軌道上で物体が V（時刻ゼロ）から P（時刻 t）

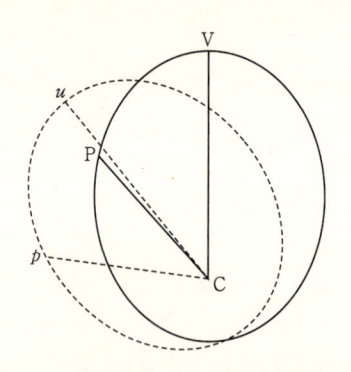

図9-1　固定軌道（実線）の点Cを中心にした回転
物体がVにあるとき固定軌道（実線）と回転軌道は一致していたとする。固定軌道を動く物体がPに到達するまでの時間に、回転軌道は図の破線まで回転し、そこを動く物体は p に到達する。

まで動くとき、回転軌道上ではV（すなわち時刻ゼロでの u）から p まで動くとする。∠VCu と ∠PCp は等しい（どちらも軌道が回転した角度）。このとき、p の運動のCから見た面積速度が一定であることを示せば、命題2（124ページ）より、この運動はなんらかの向心力によって実現されることがわかる（実際の向心力については次の命題44を参照）。

p の面積速度が一定であることを示そう。単位時間にPCの描く面積（Pの面積速度）と p Cの描く面積（p の面積速度）はそれぞれ ∠VCP と ∠VCp に比例するが（図ではそうなっていないが、微小時間であるとしてVC = PC = p Cと考えてよい）、回転軌道の回転の角速度は、固定軌道での物体の角速度に比例すると仮定されているので、この2つの角度は常に比例している。したがって、Pの面積速度が一定なのだから、それに比例している p の面積速度も一定である。（終）

第9章　第Ⅰ編 Section 9　軌道自体が回転する運動

　回転軌道がなんらかの向心力によって実現されることがわかったので，次に知るべきことは，その向心力と，もとの（固定軌道の場合の）向心力との差である。

命題44［軌道を回転させる向心力の形］

　前命題での固定軌道上の運動を実現させる向心力と，回転軌道上の運動を実現させる向心力の差は，力の中心Cからの距離の3乗に反比例する。

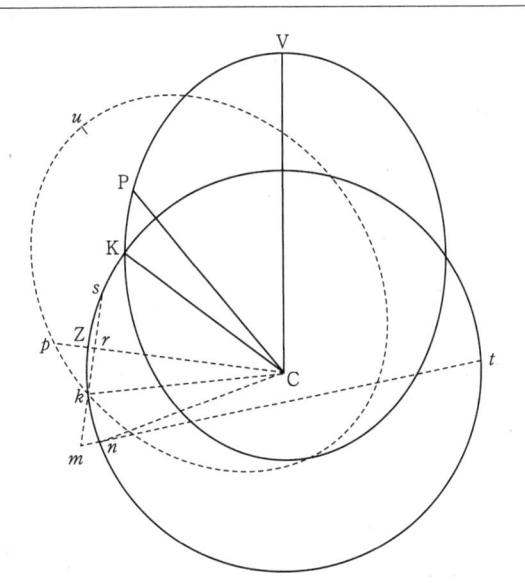

図9-2　回転軌道（破線）を生み出す力の求め方

解説　図9-2は前命題43の図にいくつかの線を付け加えたものである。

固定軌道上の物体が微小時間にPからKに動いたとする。固定軌道上の物体がPに位置するとき，回転軌道上の物体は p に位置するとし，また，図形PKCと pkC が合同になるように k を取る。回転軌道は常に回転し続けているので，固定軌道上の物体がKにきたときに，回転軌道上の物体は（軌道が回転した分だけ）k よりも先に進んでいるはずである。その位置がどこか，考えてみよう。

Cを中心としKおよび k を通る円を描く。pC に垂直で k を通る線を描き，s および r を図のように決める。また m は，

$$mr : kr = \angle \text{VC}p : \angle \text{VCP} \tag{*}$$

となるように決める。

次に，Pでの物体の動きと，p での物体の動きを，C方向とそれに垂直な方向に分けて考えてみよう。C方向の動きは，最初からその方向に対してもっている動きと，Cから受ける力による落下の動きの合計である。最初からの動きのほうは等しい（Pと p での速度の違いは，軌道の回転によるものだけだから，C方向とは垂直なはずである）。したがって，もし「p がPと同じ力をCから受けているならば」（CP = Cp に注意），同じ時間内にC方向に同じだけ移動するはずだから，PがKまで移動したときに，p の移動先は線 $srkm$ 上にあるだろう（この線は pC に垂直なので）。

またC方向と垂直な方向に関しては，軌道が回転している分，つまり $\angle \text{VC}p : \angle \text{VCP}$ の比率だけ p のほうが先に進む。つまり k よりもその比率だけ先に進んでいるはずであり，式（*）より，Cm 上である。結局，「p がPと同じ力をCから受けているならば」，p は Cm と $srkm$ の交点，す

なわち m に到達するはずである。

しかし，実際の位置（n とする）はKに対応する回転軌道上の点，すなわちCからの距離がCK（$=$ Ck），そして$\angle$VCn が，$\angle$VCK に比率（＊）を掛けた値に等しい位置になる。m と n が異なるのだから向心力は固定軌道の場合と同じではなく，差 mn が，固定軌道をもたらす向心力と，回転軌道をもたらす向心力の差を示す。

この向心力の差の性質を mn から調べよう。まず，mn の延長上に図のように t を取ると，$\dfrac{mn}{mk} = \dfrac{ms}{mt}$ である（△mnk と △mst が相似であることの結果。相似であることは，円に内接する四角形 $sknt$ の向かい合っている内角の和は π（$180°$）なので，$\angle mst + \angle knt = \pi = \angle mnk + \angle knt$ であり，したがって $\angle mst = \angle mnk$ であることからわかる）。よって，

$$mn = \frac{mk \cdot ms}{mt} \qquad (**)$$

となる。この右辺と距離 PC との関係を調べてみよう。Pの位置の違いによって，右辺の各部分の長さがどのように変わるかという問題である。

まず kr は PC に反比例する（固定軌道は面積速度が一定なので，△pkC すなわち △PKC の面積はPの位置によらず，しかもその面積は pC $<$ $=$ PC$>$ と kr の積の半分なので）。mr も，kr に比例しているので PC に反比例する。ゆえにその差 mk も PC に反比例し，その和 ms も PC に反比例する。また mt は pC のほぼ2倍であり，PC に比例するとみなせる（pC と kC がほぼ等しく，mt はほぼ円の直径に

等しいからというおおざっぱな論理だが，pk が微小な極限ではこれらは厳密に正しい)。これらを（**）に代入すれば，mn は PC の 3 乗に反比例することがわかる。mn は，2 つの向心力による同時間内での落下距離の差なので，この向心力の差自体が PC の 3 乗に反比例する。(終)

次の系 1 は系 2 の準備である。

命題 44 系 1

回転軌道における p での力と，固定軌道における P での力の差は，同じ物体が KC を半径として(P から K に動く時間に R から K に動くような) 円運動をするのに要する力の $(\alpha^2 - 1)$ 倍である。ただし $\alpha = \dfrac{\angle \text{VC}p}{\angle \text{VCP}}$ とする。命題 43 の回転軌道の定義より，α は P の位置によらない定数であることに注意。

解説 P と p の力の差とは命題 44 で求めた力であり mn で表される。より正確には，落下距離の式より，$mn = \dfrac{1}{2} \times$ 力の差による加速度 $\times$ 時間^2。すなわち，

$$\text{力の差による加速度} = \frac{2mn}{\text{時間}^2}$$

一方，円運動での Zk（≒ rk）という運動を考えると，

$$\text{円運動の加速度} = \frac{\text{速度}^2}{\text{半径}} = \frac{rk^2}{\text{時間}^2 \times kC}$$

となる。したがって求めるべき比率は，

$$\frac{\text{力の差による加速度}}{\text{円運動の加速度}} = \frac{2mn}{\frac{rk^2}{kC}}$$

$$= 2\frac{\frac{mk \cdot ms}{mt}}{\frac{rk^2}{kC}} \qquad (\text{命題 44 の}(**)\text{より})$$

$$= \frac{mk \cdot ms}{rk^2} \qquad (mt = 2kC \text{ より})$$

$$= \frac{(mr - rk)(mr + rk)}{rk^2} \qquad (rk = rs \text{ より})$$

$$= \frac{mr^2 - rk^2}{rk^2}$$

$$= \alpha^2 - 1 \qquad \left(\frac{mr}{rk} = \frac{\angle \mathrm{VC}_p}{\angle \mathrm{VCP}} = \alpha \text{ より}\right) \text{ (終)}$$

回転軌道では，距離の3乗に反比例する力が働いていることがわかったので，次の系2では，その力の大きさを，与えられた回転軌道から求めることを考える。ただ，この定理はあとで，軌道が円に近い場合にしか利用しないので，ここでは話を簡単にするため，最初から，軌道は円に近いとして議論を進める。

── **命題 44 系 2** ［逆三乗則の力と軌道の回転の速さとの関係］──
円に近い軌道の場合，固定軌道を実現する力が距離（Aと記す）の2乗に反比例するとき，回転軌道を実現する力は，

> $$\frac{1}{A^2} + \frac{R(\alpha^2 - 1)}{A^3}$$
>
> に比例する。ただし R は，（円に近いと仮定された）固定軌道を近似的に円とみなしたときの半径である。

[注] 本書では距離という表現を使うが，原語では高度（英語の altitude）となっており，それがプリンキピアで A という記号が使われている理由である。力の中心からどれだけ離れているかという意味で，高度と呼ばれる。

解説 力は距離の2乗に反比例する項と，3乗に反比例する項の和であることはすでに証明済みなので，k をある定数として，

$$力 \propto \frac{1}{A^2} \cdot (1 + \frac{k}{A})$$

という形になる。系1より，$A = R$ のときに括弧内の第2項は $(\alpha^2 - 1)$ になるはずなので，$k = R(\alpha^2 - 1)$ である。（終）

プリンキピアでは $\alpha = \dfrac{G}{F}$ と書いて，上の結果を（F の2乗を全体に掛けて），

$$\frac{F^2}{A^2} + \frac{R(G^2 - F^2)}{A^3}$$

$$= \frac{R(G^2 - F^2) + F^2 A}{A^3} \qquad (*)$$

と表している（F と G はそれぞれ，固定軌道および回転軌道の面積速度に比例するように決められるが，そのことは以下では使わない）。

系2の意味を考えておこう。α の定義から，$\alpha > 1$ ならば $\angle \mathrm{VC}p - \angle \mathrm{VCP} > 0$ ということだから，固定軌道は物体の回転方向と同じ方向に回っていることになる。つまり固定軌道の長軸（延びた方向）は「前進」する。一方，$\alpha < 1$ ならば逆方向であり長軸は「後退」する。そして系2によれば，どちらになるかは力の第2項の符号で決まっている。

軌道が円に近い場合，物体は $A = R$ 付近で動いているので，その付近での力の振る舞いが問題である。そこで，第2項の符号と，その付近での力の振る舞いとの関係を考えておこう。第2項がプラスであるとすれば第1項に加算されるが，第2項のほうが遠方で早く減少する項なので，遠方にいくほど加算される割合は小さくなる。つまり力は距離の2乗に反比例して減少する場合よりも早く減少する。第2項がマイナスのときは逆で，力は距離の2乗に反比例して減少する場合よりも遅く減少する（遠方になるほど増加する場合も含む）。したがって，通常の逆二乗則と比較することによって，長軸方向が前進するのか（力が早く減少する場合），後退するのか（遅く減少，または増加する場合）が判別できる。

逆二乗則で実現される固定楕円軌道を一定の角速度で回転させるためには，距離の3乗に反比例する力を付け加えればよいことはわかった。その知識を使って，力が，より一般的な形をしているとき，軌道がどのような形をしているかを考える。ただし一般的な軌道を考えるのではなく（難しい），円に近いとする。つまり力の中心からの距離の変化が少ないとする。そのような狭い範囲では一般的な力も，「2乗に反比例する力と3乗に反比例する力の和」として近似できる。

そしてそのように近似すれば物体の軌道は回転楕円軌道になる。

具体例として次の命題45では，力が距離の$(n-3)$乗に比例する場合を議論する。

命題45 例題2　[一般のべき乗則の力を受けた回転軌道]

力がA^{n-3}に比例しているとき，円にきわめて近い軌道における長軸の両端の動きを求めよ（著者注：$n=3$という特殊なケースを扱っている例題1は省略）。

解説　物体の軌道は（円に近い）楕円が少しずつ回転する回転軌道であるとし，その長軸の回転速度を求めるという問題である。長軸の両端をまとめて長軸端と呼ぶが，惑星の場合には太陽が焦点にあるので遠日点，近日点とも呼び，月の場合は地球が焦点にあるので遠地点，近地点とも呼ぶ。

この命題の文で力を$A^{n-3} = \dfrac{A^n}{A^3}$と表したのは，分母を$A^3$とした命題44系2の解説の式（＊）に合わせるためである。この式の形に変形し$\alpha = \dfrac{G}{F}$が決まれば，前の命題より軌道の回転速度がわかる。そこで分子のA^nを，軌道が円に近いとして式（＊）の分子の形に書き換え，$\alpha = \dfrac{G}{F}$を求めよう。

書き換えは次のようにすればできる。軌道の中心からの距離はほぼ一定Rであるとし，Rからのずれをxで表し（$|x|$はRに比べてかなり小さい，すなわち$R \gg |x|$），A

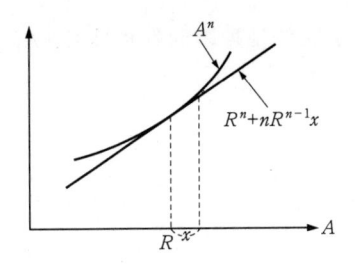

第9章 第Ⅰ編 Section 9 軌道自体が回転する運動

図9-3 曲線A^nの$A=R$付近におけるxの1次式での近似

$= R + x$とする。これを代入して展開しxの1次の項まで考えると，
$$A^n = (R + x)^n \fallingdotseq R^n + nR^{n-1}x$$
となる（図9-3）。一方，式（＊）の分子を同じように表現すると（つまりxの多項式の形にする），
$$R(G^2 - F^2) + F^2R + F^2x$$
$$= RG^2 + F^2x$$
となる。

この2式が同じである（比例している）とすれば，定数項とxの1次の項の係数の比率が等しいとして，
$$RG^2 : F^2 = R^n : nR^{n-1}$$
すなわち（$\alpha = \dfrac{G}{F}$だから）
$$\alpha^2 = \frac{1}{n}$$
となる。αは回転軌道上と固定軌道上の物体の角速度の比率なので，たとえば固定軌道で物体が1周したとき（2πの回転），回転軌道上の物体は$2\pi\alpha = \dfrac{2\pi}{\sqrt{n}}$だけ回転すること

になり，したがって長軸の回転角度は$2\pi\left(\dfrac{1}{\sqrt{n}}-1\right)$となる。(終)

　上記の結果の具体例をあげておこう。まず，$n>1$ならば長軸の回転はマイナス方向になる。つまり，いままで描いていた図とは逆に，軌道は，物体の回転とは逆方向に回転する（力は逆二乗則よりも遅く減少するのだから，前の定理で説明したように「後退」である）。また，$n=4$の場合は長軸の回転は$-\pi$になるが，これは固定軌道で物体が1周したとき，回転軌道では中心のまわりを半周しかしていないことを意味する。長軸端から出発した場合，半周して同じ長軸の反対側に到達するということである。実際，$n=4$は$A^{n-3}=A$，すなわち距離に比例する力を意味し，そのときの物体の運動は，力の中心を楕円の中心とする（固定された）楕円軌道になることがわかっている（第Ⅰ編命題10系1，142ページ）。半周ごとに力の中心から最も離れた位置に到達するということであり，上記の結果とつじつまがあっている。

　また，$n=1$だったら長軸は動かない（つまり軌道は回転しない）ことになるが，$n=1$は距離の2乗に反比例する力を表しており，当然である。このことを一般化すると，次の系で示すように，長軸端の動きから力の法則を推定することができる（ただし力がA^{n-3}に比例するといった単純な形をしていれば，という条件付きだが）。

命題45系1［軌道の回転速度と力の法則］

向心力が力の中心からの距離のなんらかのべきに比例

第9章 第Ⅰ編 Section 9 軌道自体が回転する運動

する場合，そのべきは長軸端の運動から見出すことができる。

解説 片方の長軸端からその長軸端に戻ってくるまでに，物体が360°ではなく$(360+x)°$回転しなければならなかった場合，$\alpha = \dfrac{(360+x)°}{360°}$だから，力の形を$A^{n-3}$とした場合，$\alpha^2 = \dfrac{1}{n}$より$n = \left(\dfrac{360}{360+x}\right)^2$となる。（終）

たとえば月の場合，ほとんど円運動だがややゆがんでおり，長軸の方向が1周で3°ほど回る。これを上の式にあてはめると$x=3$だから$n=0.9835$となり，力は距離の2.0165乗に反比例することになる。しかし地球と月の間の引力がこのような奇妙（？）な法則にしたがっているとは考えにくく，月に働く力が地球からの距離のべきだけで決まるとした前提に無理がある。むしろ，距離の2乗に反比例する力が基本にあり，それに別の小さな力が加わったと想像するのが自然である。そこでニュートンは，次のようなケースを考える。

命題45 例題3

力が$\dfrac{A^m + cA^n}{A^3}$に比例しているとき，軌道（半径Rの円に近い楕円だとする）の回転速度を決めるパラメータαは，$\alpha^2 = \dfrac{1+c}{m+nc}$で与えられる。ただし$c$は，

> $R = 1$ となるような長さの単位を使って表すものとする。

[注] c は次元をもつ量なので,単位を指定しなければその大きさが決まらないことに注意。

解説 例題 2 と同じ計算。$A = R + x$ を使うと,x の 1 次の項までは,

$$A^m + cA^n \fallingdotseq (R^m + cR^n) + (mR^{m-1} + cnR^{n-1})x$$

なので,例題 2 と同様にして,

$$RG^2 : F^2 = R^m + cR^n : mR^{m-1} + cnR^{n-1}$$

これを整理すれば,

$$\alpha^2 = \left(\frac{F}{G}\right)^2 = \frac{1 + cR^{n-m}}{m + ncR^{n-m}}$$

ここで,上で指定したように $R = 1$ となる長さの単位を使うとすれば,与式が得られる。(終)

そしてニュートンはやはり月のケースを想定し,月に働く力を $\dfrac{A + cA^4}{A^3}$,すなわち,

$$\text{月に働く力} \propto \frac{1}{A^2} + cA \qquad (*)$$

とし,$c = -\dfrac{1}{357.45}$ とすれば,1 回転で 1.5° ほど長軸が前に進むことになる(実際の半分程度)としている(注参照)。この力 (*) は,地球の万有引力(第 1 項)と太陽の重力の効果(第 2 項)の和だが,なぜ太陽の効果がこうなるのか,

そしてなぜ c の値をこのように取るのかは命題66（次章で紹介する）で議論される。

[注] $m = 1$, $n = 4$ なので
$$\alpha^2 = \frac{1+c}{1+4c} \fallingdotseq 1.0084$$
すなわち $\alpha \fallingdotseq 1.0042$ であり，固定軌道で一周するときに回転軌道では
$$360 \text{ 度} \times 1.0042 \fallingdotseq 361.5 \text{ 度}$$
回転する。

第10章 第Ⅰ編 Section 11 2体問題・3体問題

次の Section 10 は，物体の運動が，ある平面，曲面あるいは曲線上に限定され，力の中心はその外部にあるような場合の運動が議論される。好奇心をそそる例が扱われているが，プリンキピアの主題である「世界の体系（第Ⅲ編）」の議論に結び付く話ではないので，ここでは省略させていただく。

その次の Section 11 は，これまでの話を現実世界と結び付ける上で重要な問題が扱われる。Section 10 までは，力は固定された中心から働くと考えてきた。しかし厳密にいえば力の中心が静止していることはありえない。運動の第3法則（作用反作用の法則）により，力の中心となる物体（たとえば惑星に対する太陽，月に対する地球）も反作用を受けて動く。そのような問題を考察しよう。

命題 57 から命題 63 までは，物体が2つだけある場合の運動で，2体問題と呼ばれる。これは比較的簡単な問題である。命題 64 と 65 は物体が多数ある場合の一般的な議論。そして命題 66 から 68 までが3体問題。たとえば地球と月という系に対する太陽の影響，あるいは太陽と惑星という系に対する別の惑星の影響など，実際にも重要な問題である。そこでは Section 9（本書の第9章）の結果が大いに利用される。

最初は2体問題から。

命題 57

相互に引き合いながら運動する 2 つの物体の，それら

の共通重心を基準として見た軌道と，それぞれの物体を基準にして見た軌道は，すべて互いに相似である（図10-1）。

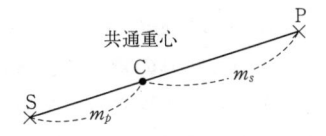

SC : PC : SP = $m_p : m_s : m_p + m_s$

図10-1　物体SとPの共通重心C
m_p, m_sはそれぞれ，物体PとSの質量。

解説　共通重心とは，2つの物体を結ぶ直線を，質量に反比例して分割した点である。一つひとつの物体にもその重心があるので，それと区別したいときに共通重心という用語を使うが，誤解される心配がなければ単に重心とも呼ぶことにする。物体に大きさがあるときは，それぞれの重心を結んだ直線を考えて，それを分割する。

共通重心を基準点としたときの，それに対する各物体の軌道，また一方の物体を基準点としたときの他方の物体の軌道は，すべて互いに相似である，というのがこの定理である。共通重心とこの2物体は一直線上にある，つまりどの基準点から見ても物体は同方向（または逆方向）にあり，またそれらの間の距離は一定の比率を保つので，相似形になるのは明らかである。なお，この2物体が外部から力を受けていなければ共通重心が等速直線運動（静止を含む）をすることは，すでに運動の法則の系で証明されていることに注意。（終）

2体問題が簡単なのは，向心力の中心が固定された1体の

問題と数学的に同等だからである。そのことを示すのが以下の一連の命題である。

命題58 [2体問題と1体問題の関係その1]

相互に引き合う2つの物体の重心を基準とした軌道と相似な軌道が、片方の物体が固定されている場合の、同じ力による他方の物体の軌道として実現できる。（図10-2）

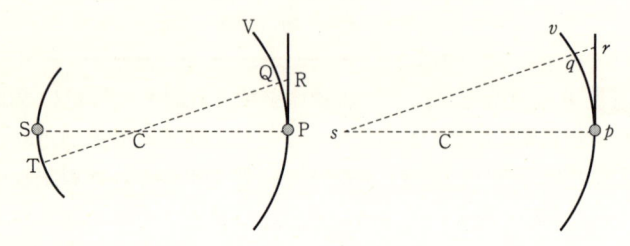

図10-2 物体Pの軌道（重心Cが固定）と物体pの軌道（力の中心sが固定）の相似

解説 まず、重心が静止している場合を考える。引き合う2つの物体がそれぞれ、図のST, PQという（実現される）軌道を描いているとし、Cをこの2物体の重心とする。一方、それと同じ力を及ぼし合っている別の2物体の片方がsに固定されているとし、sp, sqをそれぞれSP, TQと平行に同じ長さで描く。すると、このような方法で決めた軌道pqも実際に実現することが可能な軌道である、とニュートンは主張する。軌道PQ（とその延長）と、軌道pq（とその延長）は、相対比CP:SP（$= sp$）の相似形であることに注意。つまり、軌道の対応する部分の比率はどこでも

CP：sp である。以下，その値を $k\left(=\dfrac{\text{CP}}{sp}\right)$ とする。

軌道 pq（とその延長）が実現可能であることは次のように証明できる。少しごたごたするが難しい議論ではない。まず P および p でそれぞれの曲線に接線を引き，CQ および sq と接線との交点を，それぞれ R および r とする。RQ と rq が，それぞれの物体が PQ あるいは pq と動いた間の，力による落下距離であり，比率は k である。

もし仮に，それぞれの物体の P および p で受ける力の比率が k であり，しかも PQ と pq の経過時間が同じならば，落下距離の比率は k になるので，pq は実現される軌道となる（落下距離は時間が同じならば力に比例する：運動の第 2 法則）。しかし実際にはそうではなく，各物体の P および p で受ける力は等しい（SP $=sp$ なので）。それでも落下距離の比率が k となるには，かかる時間が k の平方根に比例しなければならない（微小時間での力による落下距離は時間の 2 乗に比例する：補助定理 10, 113 ページ）。そうなるためには速度が k の平方根に比例していればよい（距離の比 PQ：pq は k なので，時間の比 $=\dfrac{\text{距離の比}}{\text{速度の比}}=\dfrac{k}{\sqrt{k}}=\sqrt{k}$）。

ある特定の位置 P と p において，そこでの速度を k の平方根に比例させることは，もちろん可能である（そのように動かし始めればよい）。しかし，いったんその比率の速度で運動が始まると，（対応する各位置で力すなわち加速度が等しいので）その比率で時間が経過した後の速度も，その比率のままである（微小な時間間隔では，速度の変化 = 加速度 × 時間）。したがって，その次の落下距離もその比率であ

る。同じ議論を軌道に沿って進めていけば，pq をこのようにして延長した軌道が実際に実現されることがわかる。

重心が等速運動している場合にも，重心を基準とすれば同じ議論ができるので（運動の法則の系4，96ページより），結論は変わらない。（終）

命題59 [2体問題と1体問題の関係その2]

前命題と同じ状況で，相互に引き合う2物体PとSの軌道の周期と，Sが1ヵ所に固定されているときのPの相似する軌道の周期の比率は，質量を m で表すと，$\sqrt{m_S} : \sqrt{m_S + m_P}$ である。

解説 前命題の解説の続きとして説明すると，軌道の長さの比は k であり，速度の比はその平方根なので，周期 $\left(=\dfrac{長さ}{速度}\right)$ の比も k の平方根である。また，作図の方法より $sp = \mathrm{SP}$ なので，

$$k = \frac{\mathrm{CP}}{sp} = \frac{\mathrm{CP}}{\mathrm{SP}} = \frac{m_S}{m_S + m_P}$$

となり（重心Cの定義より），命題の主張が示される。（終）

命題61

互いに引き合う2物体の運動は，互いに引き合いはしないがどちらも重心から力を受けているとしても実現される。この場合，重心からの力の法則（距離の何乗に比例するかという規則）は，2物体間の力の法則と同じで

ある。

解説 互いの間に働く力は常に重心方向を向いているので，重心から同じ力を受けていると考えても同じである。また，2物体間の距離と，重心から各物体への距離の比率は一定なので（質量比で決まる）。したがって，2物体間の力が距離の n 乗に比例していれば，重心からの力も同じ法則にしたがうと考えなければならない。（終）

現在の大学物理の教科書では，2体問題が，向心力の中心が固定された1体問題と同等であることを，この章のこれまでの説明とは少し違う形で表現している。命題58の解説の第3段落で，「それぞれの物体のPおよびpで受ける力が比率 $CP : sp$」であるならば，pq は，PQ と同じ時間つまり全体として同じ周期で実現される軌道になる（が，実際の力の比率はそうではなく1:1である）と，説明されている。しかし，P と p の加速度の比率が $CP : sp$（$= SP$）であればよいので，そのためには力の比率が1:1であっても，質量の比率がその逆比，つまり $SP : CP$ であればよい（プリンキピアでは力は常に質量に比例しているとしているので，力をそのままにして質量のほうを変えるという発想は出てこないが）。

つまり，

$$SP : CP = m_P + m_S : m_S = m_P : \frac{m_P \cdot m_S}{m_P + m_S}$$

なので（2番目の等式では，$\dfrac{m_P}{m_P + m_S}$ を両項に掛けた），p の質量が m_P ではなく，

$$\frac{m_{\mathrm{P}} \cdot m_{\mathrm{S}}}{m_{\mathrm{P}} + m_{\mathrm{S}}}$$

だとすればいい。この値のことをPとSの換算質量と呼ぶ。つまり2体問題は、換算質量をもつ物体の1体問題と同等であることになる。

Pに比べてSが圧倒的に重い場合（たとえばSが太陽、Pが地球）、重心Cはほぼ Sの位置にあり、また換算質量はほぼ m_{P} である（$\frac{m_{\mathrm{S}}}{m_{\mathrm{P}} + m_{\mathrm{S}}} \fallingdotseq 1$ なので）。つまり、最初からSは動かず（あるいは等速運動しており）、そのまわりを質量 m_{P} の物体Pが運動しているとみなしてよい。これが、前章までの状況に対応する。

次の命題62と63は時刻ごとの物体の動きに関する定理だが、ここでは省略する。

ここまでは、2つの物体だけが関係する2体問題であった。ここからは3体問題が主要テーマになるのだが、それに取りかかる前に、一般に多数の物体があるときの問題に関する命題64を紹介しよう。2物体間の力は距離に比例するという特殊なケースなのだが、3体問題の考え方を知るためにも参考になるし、具体的な振る舞いがわかるので興味深い。

命題64［距離に比例する力が働いているときの多体問題］

多数の物体があり、どの2物体間にも、その距離、および各質量の積に比例する力が働いている。そのときの物体の運動を述べよ。

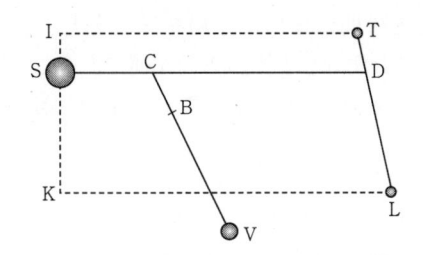

第10章　第Ⅰ編 Section 11　2体問題・3体問題

図10-3　3つ以上あるときの物体の運動
点Dは物体TとLの重心，点Cは物体TとLとSの重心，点Bは物体TとLとSとVの重心

解説 まず，2つの物体TとLだけがあったとする（図10-3でSとVはないとする）。この2物体間に働く力は距離に比例するので，もし一方がある点に固定されている場合には他方は楕円軌道になる（命題10系1，142ページ）。したがって固定されていない場合には，命題58より，重心Dを中心とした楕円軌道になる。重心は，ほかに物体がなければ静止し続けるか等速直線運動をする。

次に第3の物体Sを考える。SはTおよびLを距離に比例する力で引く。また，力は各物体の質量に比例するとも仮定した。したがってTとLに生じる加速度$\left(=\dfrac{力}{質量}\right)$の比率は距離の比ST：SLになるので，加速度自体をベクトルSTとSLで表す。

加速度STはSD＋DTに分解され，SLもSD＋DLに分解できる（いずれもベクトル的な分解）。そのうちSDの部分はTとLに共通であり，これは重心Dを大きさSDでS方向に加速するだけであり，TとLの相互関係には影響しない（運動の法則の系6，99ページ）。また，DTとDL

は，TとLとの間の作用反作用を満たす力による加速度とみなせることも注意しよう。方向が逆であることは明らかだが，DT：DL $= m_L : m_T$ なので，質量×加速度を考えれば $m_T \cdot DT = m_L \cdot DL$ となり力としての大きさも等しく，作用反作用の関係を満たしている。つまりSによる力は，TとL全体つまり重心DをS方向に引く力と，TとL間の相互関係に影響する力に分解できることがわかった。

一方，この反作用としての，SのTとLから受ける合力はD方向を向く。なぜならこの力はSが及ぼす力の反作用なので，ベクトル的な和として $m_T \cdot ST + m_L \cdot SL$ と書けるが，SDはこれを $m_T + m_L$ で割ったものにほかならないからである（Dは線分TLの質量の逆比での分割点）。つまりSと重心Dは互いに引き合っていることになる。また，その間の力が作用反作用の法則を満たすには，Dのもつ質量は $m_T + m_L$ としなければならない。

以上のことをふまえて軌道を具体的に議論しよう。DとSの間の力は距離SDに比例するので，それらはその重心（つまり3体の共通重心）Cを中心とする楕円軌道となる。

また，Sによって生じたTL間の力の効果とみなせる加速度は，重心Dからの距離に比例するので，もともとTL間に働いていた力による加速度と同じ性質をもつ。つまり，もともとの力の大きさをある割合で増すだけであり，LとTの，Dを中心とする楕円運動の速さを増すだけである。

結局，TとLはDを中心とする楕円運動，そしてSとDはCを中心とする楕円運動をすることがわかったが，TとLは，3体の重心であるCに対してはSと同等の立場にいるので，Sの軌道がCを中心とした楕円ならば，TとLの

軌道も，Cを中心とした楕円でもあることになる。

　このようにしてT，L，Sの3体がある場合の運動が求まった。さらにもう1つの物体Vが加わった場合には，最初の3体の重心CとVを基準として同様の考察を繰り返せばよい。つまり，物体がいくつあろうとも，この命題に与えられた性質をもつ力（距離と質量に比例する力）のみが働いている場合には，すべての物体が全体の重心を中心として，さまざまな形の楕円運動をすることがわかる。（終）

　次にニュートンは，距離の2乗に反比例する（そしてもちろん，質量に比例する）力の議論に入る。といっても実際に扱うのは，物体が3つだけある，という3体問題である。たとえば地球のまわりを回っている月の運動は，遠方にある太陽によってどのように影響されるか，といった問題である。じつは3体問題でさえ，現在でもほとんどの状況で，厳密な解は求まっておらず，ニュートンが議論したのも近似的な解法である。

　プリンキピアでは命題65，命題66に一般的な考察があり，命題66に付随する多数（22個）の系で，具体的な問題を詳細に扱う。ここでは，命題65と命題66の内容を「状況の説明」という形で解説し，その後に，系のいくつかを紹介することにする。

状況の説明　3つの物体（天体）T，P，Sがある。その2つずつの間には，それぞれ距離の2乗に反比例しそれぞれの質量に比例する力が働いている。

　ニュートンが頭に描いていたのは次の2つのケースであ

る。第一は，Tが太陽であり，PやSを惑星だと見るケースである。第二は，Tが地球，Pが月であり，Sは太陽に相当する。あとで結果を応用している部分から想像すると，第二のケースが主な関心事であったらしい。

まず考え方の基本を説明しよう。最初は第一のケースを考える。太陽と複数の惑星の問題である。太陽系以外の天体の影響は無視できるとすれば，太陽系の重心は，静止または等速直線運動をしている。しかし太陽系の中では太陽が圧倒的に重いので，太陽の位置がほぼ重心の位置である。また，各惑星に働く力も，太陽によるものが圧倒的に大きいので，まずそれだけを考えると，惑星は太陽を焦点とする楕円軌道を描くことになる。しかし，より詳しく計算するためには，他の惑星から受ける力も考えなければならない。そしてその力のため，楕円軌道が影響を受ける。それを，小さな「ずれ」として考察することがポイントとなる。

第二のケースでは少し事情が異なる。地球や月が受ける力は，太陽からのものが最も大きいが，地球と月との間の距離は太陽からの距離と比べると非常に小さい$\left(\text{ほぼ}\frac{1}{400}\right)$。したがって太陽から受ける影響（加速度）はほぼ等しく，地球と月全体を太陽のまわりで動かすが，その相対的な関係には大きな影響を与えない（運動の法則の系6，99ページ）。また，地球は月よりも80倍ほど重いので，近似的には地球が太陽のまわりを楕円運動し，さらに月がその地球のまわりを楕円運動すると考えてよい。しかしより精密な議論をするには，太陽による加速度が地球と月ではやや違うことを考慮して，楕円軌道からのずれを考察しなければならない。

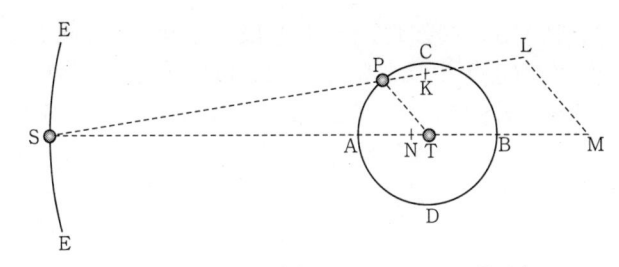

第10章 第Ⅰ編 Section 11 2体問題・3体問題

図 10-4 天体Tを中心に回るPにSから働く力

KS：天体PがSから受ける力の大きさの平均値
LS：Pの位置で働くSの力の大きさ(その力による加速度)
LM：LSのうちのPT方向の成分
MS：LSのうちのTS方向の成分
NS：天体Tに働くSの力の大きさ(その力による加速度)

　以上のことを念頭に、考察の方法を具体的に説明しよう。図10-4でPは、固定されたTのまわりを円軌道、あるいは円に近い楕円軌道を描いているとする。Sは（話を簡単にするために）Pが動く平面内にあるとし、遠方でTのまわりを回っているとする。第二のケースではTが地球、Pが月で、Sが太陽となる。TのまわりをSが回っていると表現するのは天動説を思わせるが、これは単に説明と図を簡単にするためであって、逆にTがSのまわりを回っているとしても以下の議論は変わらない。

　図は、ある時刻でのPの位置を表す。そのときのSP上にKを、KSが（Pが1周したときの）SPの長さの平均値に等しくなるように取る。Sは非常に遠方にあるので、KSはTSにほぼ等しく、∠SKTはほぼ直角である。また、PのSから受ける力の平均（正確にはそれをPの質量で割ったもの、$\dfrac{力}{質量}$）をKSの長さで表す。そして、図のPの位

置で，PがSから受けるその力をLSで表す。この図ではPは平均位置よりもSに近く，力は距離の2乗に反比例するのでLS＞KSである。また，TがSから受ける力（を質量で割ったもの）を同じ尺度で表す線をNSとする。NSとKSはほぼ等しい（PのSからの平均距離はほぼTSなので）。NとTはほぼ一致すると考えてよいが，図では少しずらして描いている。

次に，LMをPTに平行になるように引く。力LSはLM＋MS（ベクトル的な和）と分解される。LMは，Tによる引力と同方向（PT方向），つまり向心力の一部となる。したがってこの力では，Pの運動の面積速度一定という性質は変わらないが，もとの楕円軌道の形を変える（たとえば後述する命題66系7）。

MSはNSに平行な分力であり，もしNSと大きさが等しければ，PとT全体をS方向に加速するだけで，相互の位置には影響しない。しかし実際には（Sが遠方ならば差は小さいが，それでも）差MNがあるので，面積速度が一定ではなくなり，軌道が変形する。この変形の考察もあとで行う。（終）

以下，命題66に続く22の系のうち，最初のほうからいくつか選んで解説する。

命題66系2　［面積速度の増減］

　Sが存在しない場合には，PのTから見たときの面積速度は一定だが，Sの影響を考えると，図のAとB付近で面積速度は大きくなり，CとD付近では小さく

なる。

解説 すぐ前で説明したように，面積速度を変えるのはPへの力とTへの力の差MNである。この力は弧CADではS方向，弧DBCでは逆方向である（たとえばPがAに位置するときはPのほうがTよりもSに近いのでS方向に引かれる力が大きく，力の差はS方向を向く）。したがってPが左回りに回っているとすると，CA間とDB間ではPを加速し，BCとADでは減速する（動きの方向と力の方向を比較せよ）。したがって加速区間の終わりであるAとB付近で面積速度が大きくなり，減速区間の終わりであるCとD付近で面積速度が小さくなる。（終）

以下の系3から系5は，SがなければPの運動が等速円運動であるとき，それがSの影響でどのように変わるか，という話である。最初から円運動ではない場合には，これらの主張が正しいとは限らない。

--- 命題66 系3 ［速度の増減］ ---
（同様の推論により）Pの速度は図のAとB付近で大きくなり，CとD付近では小さくなる。

--- 命題66 系4 ［曲率の増減］ ---
Sの影響を考える前のPの軌道が円軌道であったとすれば，つまりどこでも曲がり方が同じであったとすれば，Sの影響を考慮に入れたときは，AやB付近よりも，CやD付近で軌道の曲がりは大きくなる。

解説 AやB付近では速度が大きいので軌道は曲がりにくい。また力MNの方向は，AやB付近ではTによる向心力と逆方向なので，軌道を曲げる効果を弱める。(終)

── **命題66系5 [軌道の変形]** ──────
したがってPは，AやB付近に比べ，CやD付近でTから遠ざかる（軌道はCD方向に引き伸ばされるということ）。

解説 そのようにならなければ，系4で説明した曲がりは実現されない。(終)

以下の系では，楕円軌道の長軸の方向が回転するという話をする。第9章での回転軌道の議論がここで利用される。

── **命題66系7 [長軸の回転]** ──────
物体Pの軌道の長軸は前進と後退を繰り返すが（前進とは，Pの運動方向への長軸の回転），平均としては前進する。

解説 まずCやD付近を考える。MNはほぼゼロになるので（SC≒STより），力LMによる向心力PTの変化だけを考えればよい。LMの大きさはPTが増えれば増えるので，もともとは距離の2乗に反比例して減少していた力PTの，減少の程度を減らす。したがって命題44の系のあとで説明したように，長軸を物体の回転と逆方向に回す，つまり後退させる。

一方，AやB付近ではLMはほぼゼロであり，MN（Sによる T方向の向心力の差）が問題になる。この力はTによる力と逆方向である（PはAではTよりもSに近いのでより強くSに引かれ，BではSから遠いので，Tよりも弱くSに引かれるので）。しかもこの差MNは距離PTが増せば増えるので，PT方向の力の減少の程度を増やす。したがって，命題44の系のあとで説明したように（181ページ），長軸を物体の回転の方向に回す，つまり前進させる。

前進と後退が交互に現れるが，AやBにおけるMN（前進）のほうが，CやDにおけるLM（後退）よりも大きい。その説明はプリンキピアには書かれていないが，次のようにして示すことができる。

まず，PがCにあるときのLMを考えよう（図10-5）。PがSから受ける力（LS）は，その平均値NS（≒SK）にほぼ等しく，Sは非常に遠方にあるのでLMはSTにほぼ垂直。MとNはほぼ一致している。したがって，

$$LM = NS \tan\phi = \frac{NS}{ST} \times 半径$$

ここで半径とはTPのことだが，軌道は円からは大きくず

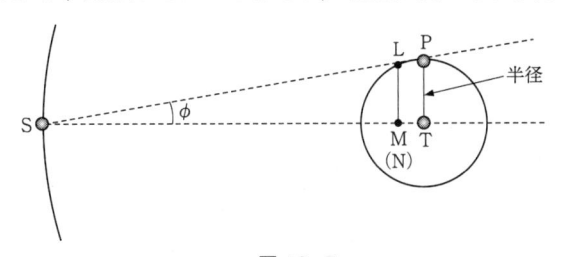

図 10-5
物体Pがこの位置にあるときは，LS≒MS≒NS

れていないとして半径と記した。

次に，PがAにあるときのMNを考える。PがAにあるときにPとTがSから受ける加速度の差である。この加速度はSからの距離の2乗に反比例するので，

$$\text{Tが受ける加速度 }(= \text{NS}) = \frac{k}{\text{ST}^2} \quad (k\text{ は定数})$$

とすれば，

$$\text{Pが受ける加速度} = \frac{k}{\text{SA}^2}$$

であり，したがって，

$$\begin{aligned}
\text{MN} &= \frac{k}{\text{SA}^2} - \frac{k}{\text{ST}^2} \\
&= \frac{k}{\text{SA}^2 \cdot \text{ST}^2}(\text{ST}^2 - \text{SA}^2) \\
&= \frac{k(\text{ST} + \text{SA})}{\text{SA}^2 \cdot \text{ST}^2}(\text{ST} - \text{SA}) \\
&\fallingdotseq \frac{2k}{\text{ST}^3}\text{TA}
\end{aligned}$$

最後は，Sが非常に遠方にあるのでSAとSTはほぼ等しいことを使った（微分を使って微小な変化量を計算する手法に慣れている人は，ここの式変形をもっと簡単にできるはずである）。

結局，TA＝半径だから，

$$\text{MN} = 2 \times \frac{\text{NS}}{\text{ST}} \times \text{半径} \qquad (*)$$

となり，前記のLMの2倍になる。したがって前進の効果のほうが大きく，平均としては長軸は前進するように動く。

（終）

$\dfrac{\mathrm{NS}}{\mathrm{ST}}$ は P の位置によらない量だから，（*）は MN が半径，つまり P と T の距離に比例することを意味する。つまり地球から見た月の軌道への太陽の影響は，地球と月の距離に比例する力として近似されることになる。

それが第 9 章の最後に示した式（186 ページ），

$$\text{月に働く力} \propto \dfrac{1}{A^2} + cA \qquad (**)$$

にほかならない。ここで A とは（図 10-4 の A ではなく）月と地球間の距離であり，第 1 項は地球による万有引力，そして第 2 項はそれに対するなんらかの追加の力であった。この章での議論で，太陽の影響は，このような追加の力とみなせることが示せたのである。

といってもこの項の説明によれば，追加の力の大きさを決める係数 c は，P の方向によって変わる。実際，プラスになるとき（図 10-4 の A や B 付近）もマイナスになるとき（図 10-4 の C や D 付近）もある。まず A や B 付近でどの程度の大きさになるか，式（*）から考えてみよう。

命題 45 例題 3（185 ページ）でもしたように，地球と月の距離 TP を 1 とする単位で考える。したがって，現実の月の位置では $A = 1$ としてよく，（**）の c は第 2 項と第 1 項の比，すなわち，

$$c = \dfrac{\text{太陽による月の（地球に対する）加速度}}{\text{地球による月の加速度}}$$

である。一方，式（*）は，

$$\text{太陽による月の(地球に対する)加速度}$$

$$\fallingdotseq \frac{2 \times \text{NS} \times \text{半径}}{\text{太陽と地球の距離}}$$

$$= \frac{2 \times \text{太陽による地球の加速度}}{\text{太陽と地球の距離}}$$

である(半径(地球と月の距離)= 1 である)。ここで月や地球の公転を円運動だと考えれば,

$$\text{地球による月の加速度} = \frac{\text{速度}^2}{\text{距離}}$$

$$\propto \frac{\text{月と地球の距離}}{\text{月の公転周期}^2} = \frac{1}{\text{月の公転周期}^2}$$

速度は $\frac{\text{円周}}{\text{周期}}$,すなわち $\frac{\text{距離}}{\text{周期}}$ に比例することを使った。同様に,

$$\text{太陽による地球の加速度} \propto \frac{\text{太陽と地球の距離}}{\text{地球の公転周期}^2}$$

以上の式を代入すれば,

$$c = 2 \times \frac{\left(\dfrac{\text{太陽による地球の加速度}}{\text{太陽と地球の距離}}\right)}{\text{地球による月の加速度}}$$

$$= 2 \times \frac{\left(\dfrac{1}{\text{地球の公転周期}^2}\right)}{\dfrac{1}{\text{月の公転周期}^2}}$$

$$= 2 \times \left(\frac{\text{月の公転周期}}{\text{地球の公転周期}}\right)^2 \fallingdotseq \frac{2}{179}$$

となる(月の公転周期を 27.3 日,地球の公転周期を 365 日

とした)。これはニュートンが使った,第9章最後のc値(186ページ)の4倍だが,204ページの式(*)ではなく,その係数2を,203ページのLMの係数-1(方向が逆なのでマイナス)との平均値$\frac{1}{2}$で置き換えればニュートンの値になる。次の系は,月の軌道を楕円だとしたときに,それが太陽の影響でどのように変形するかという話である。楕円軌道は単に回転するだけではなく,そのつぶれ方が増えたり減ったりすることがわかる。

命題66 系9 [楕円の変形]

遠地点から近地点へとPがTに近づく際に,Sの影響のため,向心力が距離PTの逆2乗よりも大きな割合で増加する(すなわち,逆に遠方にいったときの減少率は逆二乗則よりも大きい)ならば,その分,より大きな力で引かれ,軌道が楕円だとした場合の近地点よりも,よけいに焦点Tに近づく。近地点から遠地点に戻るときは,その逆の現象が起こり,もともとの楕円の遠地点よりもさらに遠方に戻る。結果として楕円のつぶれは増す。一方,向心力への影響が逆だったら(すなわち,遠方にいったときの減少率が逆二乗則よりも小さい),楕円のつぶれは減る。

解説 系7で説明したように,AB方向は前者のケースである(力の中心から離れたときの向心力の減少率が大きい)。つまり楕円の長軸がAB方向を向いているとき,楕円のつぶれは増す。CD方向では逆である。系7では長軸の方向が

回転することを示したが、結局、長軸の方向がCD方向からAB方向に回っているときは楕円のつぶれは増えていき、AB方向からCD方向に回っているときは、楕円のつぶれは減っていくことになる。(終)

このような分析は、さらに詳細かつ複雑になって系22まで続く。系10以降では、Pの軌道面が傾いていてSがその面上にない場合を扱う。また系17と系18は、Tを地球、Pを海水と見たときの潮の干満について議論する。しかし本書ではこのあたりで終わりにし（潮汐については第14章参照）、最後に、第III編でも引用される命題67を紹介する。

命題67 [3物体のうち2物体をまとめて考えること]

3つの天体P、TおよびSが、互いに距離の2乗に反比例する力を及ぼし合っているとする（たとえば図10-6のような配置）。PとTの重心をOとする。Sの

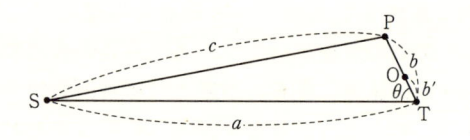

図10-6

軌道は、（TやPではなく）重心Oを焦点とみなした場合のほうが、いっそう楕円に近く、面積速度も一定に近い。

解説 Sが2天体から受ける力の方向はST方向よりもSO方向に近く、しかも、「少し考えれば容易にわかるように

(as will be easily appear by a little consideration)」，距離 ST の 2 乗よりも，距離 SO の 2 乗に，いっそうよく反比例するから。（終）

　この配置は，たとえば T が太陽，P が内側の惑星，S が外側の惑星だとみなすことができる。あるいはこれまでのように T が地球，P が月，S が太陽とすることもできる。後者の場合はむしろ O が S のまわりを回っていることになるが，どちらを基準にしても同じことである。この場合，地球の軌道よりも，地球と月の共通重心 O の軌道のほうが，太陽を焦点とする楕円に近い，というのがこの命題の主張になる。太陽を焦点とするか，3 天体全部の重心を焦点とするかは，命題 57 より軌道は相似であることがわかるので，問題にならない。

　ところで，この命題のニュートンによる説明はこれだけだが，容易にわかることかどうか「少し考えて」みよう。まず，方向に関しては，ST と SP の長さが等しければ，T や P が S に及ぼす力の大きさはそれぞれの質量に比例するので，そのベクトル的な和は T と P の重心方向になる。S から見た T と P の位置ベクトルを，質量の比率で平均した方向と同じだから，当然だろう。ST と SP の長さが違えば，それによる補正はある。

　重心までの距離 SO の 2 乗に反比例という部分は多少ややこしいが，図 10-6 のような配置で考える。つまり a や c に比べて b は小さいとすると，S が受ける重力の大きさは，T と P による重力の大きさを単純に足せばよく，方向のずれは無視してよい（ベクトルの少しだけずれた方向の成分の

大きさは，元のベクトルの大きさと比べて，ずれの角度の2乗に比例した量しか変わらない）。したがって，

$$\text{Sが受ける重力の大きさ} \propto \frac{m_\text{T}}{a^2} + \frac{m_\text{P}}{c^2}$$

となるが，三角形の余弦定理より，

$$c^2 = a^2 + b^2 - 2ab\cos\theta \fallingdotseq a^2\left(1 - \frac{2b}{a}\cos\theta\right)$$

である（最後に $\left(\frac{b}{a}\right)^2$ は小さいとして無視した）。つまり，

$$\frac{1}{c^2} \fallingdotseq \frac{1}{a^2\left(1 - \frac{2b}{a}\cos\theta\right)} \quad (*)$$

したがって

$$\text{Sが受ける重力の大きさ} \propto \frac{m_\text{T}}{a^2} + \frac{m_\text{P}}{a^2\left(1 - \frac{2b}{a}\cos\theta\right)}$$

$$\fallingdotseq \frac{m_\text{T} + m_\text{P}}{a^2\left(1 - \frac{2b'}{a}\cos\theta\right)} \quad (**)$$

ただし，

$$b' = \frac{bm_\text{P}}{m_\text{T} + m_\text{P}}$$

である。式（**）を式（*）と比べれば，図の b' の位置に，TとP両方が位置している場合にSが受ける重力と同じであることがわかる。この位置はTとPの重心にほかならないから，題意が示された。

ところで，重力はそれを受ける物体の力に比例するという主張はプリンキピアでも最初から強調されているが（82ページ），上の説明で使った，重力はその源の物体の質量にも比例するという主張は，これまでどこにも出てこなかった。この主張は，第Ⅰ編 Section 11 最後の命題 69 で証明されている。ただこの命題はすでに，本書の第 3 章（第Ⅲ編「世界の体系」への道）の 62 ページで説明したので，ここでは省略する。

第11章 第Ⅰ編 Section 12
大きさのある物体の重力

　ニュートンはウールスソープに帰省していた時期に，月に働く重力と地上の物体に働く重力の大きさを比較して，これが同じ力であるという確信をもったといわれる（19ページ）。しかしこの比較をするには1つの重大な仮定が必要である。地球には大きさがある。地上の物体に及ぼす地球の重力を計算するとき，地球とその物体の距離として，何を使うかを決めなければならない。

　地球のあらゆる部分が地表上の物体に重力を及ぼすので，地球と物体との距離の平均として，地球中心との距離を考えれば，近似的にはそれほど間違っていないだろうと想像される。しかし，厳密に考えるにはどうすべきだろうか。

　この章で証明されるのは，地球がもし完全に球対称ならば，それによる重力を考えるときは大きさを無視し，地球のすべての構成要素がその中心に集中しているとみなしても「厳密に」正しいという定理である。つまり地球による重力に対して逆二乗則を適用するには，地球中心との距離を考えればよいということである。

　この性質は重力を受ける側にも適用される。つまり，たとえば月が地球から受ける重力を考えるときは，（どちらも完全に球対称ならば）月と地球それぞれの中心間の距離を考えればよい。もちろんこれらはあらゆる物体に成り立つ性質であり，球対称な天体間の力に逆二乗則を適用するには，それらの天体の中心からの距離を考えればよい。

第11章 第I編 Section 12 大きさのある物体の重力

プリンキピアの執筆をニュートンが決断したのは、これらの定理が証明できたからだともいわれている。そして彼はさらに、天体が球対称でなかったらどのような効果が現れるかという議論を行っているが、それは次の Section 13（本書第12章）のテーマである。

最初の命題 70 は、中が空洞の球面状の物体の内部では重力は働かないという、大学の初等物理学ではかなり有名な定理。ただし、電荷が一様に分布した球面の内部では電気力は働かないという電磁気学の定理として最初に学ぶことが多いかもしれない。電気力もクーロンの法則により逆二乗則なので、数学的にはどちらも同じことである。

命題 70 [球面内部の重力]

内部が空洞の球面があり、内部の点 P に位置する物体には、球面上の各部分から、距離の 2 乗に反比例する同じ力が働くとする（「同じ力」ということには、球面上に物質が一様に分布しているという仮定も含まれる）。**そのとき点 P での合力は、（点 P が内部のどこであるかにかかわらず）ゼロである。**

解説 点 P を頂点とする、頂角が微小で同一な、正反対の方向を向く 2 つの円錐を考える。円錐の軸そして球の中心を含む面で、この 2 つの円錐を 2 つに縦に分割したときの断面が図 11 - 1 の PHI と PKL である。

円錐と球面の交差面はほぼ楕円である（その長軸が図の IH と KL）。円錐の軸に対するこの楕円の傾きは両側で等し

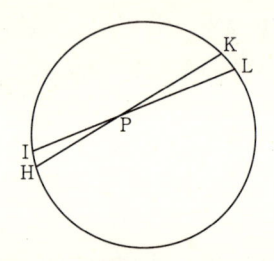

**図11-1 空洞内部の点Pに働く
両側からの重力は打ち消し合う**

く（注参照），したがって両側の楕円は相似であり，その面積比はIH：KLの2乗に等しいが，そのIH：KLは，Pからそれぞれの楕円までの距離の比に等しい（注参照）。したがってIH側の楕円とKL側の楕円によりPが受ける重力を比べると，楕円の質量比はPからの距離の比の2乗であり，それによる力は距離の2乗に反比例するので，

$$\text{Pに及ぼす力の比} = \frac{\text{楕円の質量比}}{\text{距離の2乗の比}} = 1$$

となる（微小な部分が及ぼす重力は，その部分の質量に比例することは第Ⅰ編命題69〈62ページ〉より当然のこととされている）。したがって両側の楕円による引力は打ち消しあう。

このことはPからどちらの方向に円錐を描いても同じなので，すべての方向からの力を加え合わせるとPでの合力はゼロになる。（終）

[注] 図11-2の弦APBは，円錐の中心軸である。中心軸と，AおよびBでの接線の角度（αとβ）が等しいことは，球の中心をOとしたときに，△AOBが二等辺三角

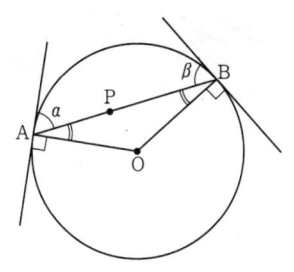

図 11-2　弦 APB と 2 つの接線のなす角度は等しい
　　　　　($α = β$)

形であることからわかる。このことから，図 11-1a で△PHI と△PLK が相似であることもわかるので，IH：KL = PI：PK でもある。

　一方，P が球面の外部にあったらどうなるか。P に働く力は，球面からの距離ではなく，球面の中心からの距離の 2 乗に反比例することが示される。電磁気学では電場という考え方を使ったガウスの法則からこの定理を導くが，そのような手法が見出されていなかった当時にニュートンがどのような手法を使ったかが興味深い。プリンキピアには想像を絶する証明がいくつかあるが，これもその一例である。

―― 命題 71 [球面外部の重力] ――――――――――――――
　前の命題と同じだが，点 P が球面の外部にあるとすると，点 P にある物体は，球の中心に向かう，球の中心からの距離の 2 乗に反比例する力を受ける。

解説　図 11-3 のような 2 つの配置を考える。円で描かれて

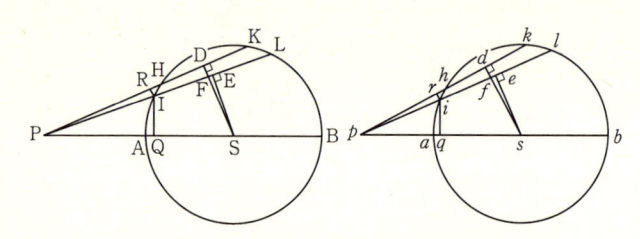

図 11-3 球の外部の質点が受ける重力の比較

いるのは，この問題で与えられている球の断面であり，Sおよびsは球の中心である。球の大きさは同じだがSPとspは異なる。点Pにある物体と点pにある物体に働く力の比が，比$\frac{\text{PS}}{ps}$の2乗に反比例することを示そう。

まず2つの図の関係を説明しておこう。点Pと点pからそれぞれIL = il，HK = hkとなるように直線を引く。またSD，SE，IQ，IR，およびそれに対応する右の図の線はすべて，S(s)またはI(i)からの垂線である。そして弧IHを軸ABのまわりに1周させた部分（円環）と，弧ihを軸abのまわりに1周させた部分が，PおよびpそれぞれをS方向，s方向に引く力の比は，$\frac{\text{PS}}{ps}$のマイナス2乗であることを証明する。KLとklに関しても同様の性質を証明する。2つの球面のすべての部分を同じように対応させることができるので，これらが証明できれば命題自体が証明できたことになる。

IH部分とih部分の比較は，次のような（曲芸的）手順で行う。

1．まず準備として，DS = ds，ES = esなのだから（弦

216

第11章　第Ⅰ編 Section 12　大きさのある物体の重力

の長さが等しければ弦から中心までの距離も等しい），$\dfrac{\mathrm{DF}}{df} = 1$ である（∠DPE，∠dpe が 0 になった極限でこの比が 1 になるという意味。この極限で E と F，あるいは e と f は重なるから）。

2．HK = hk なので，それらと H や h での接線がなす角度（∠RHI と ∠rhi）は等しい。したがって △IRH と △irh は相似であり，$\dfrac{\mathrm{RI}}{\mathrm{IH}} = \dfrac{ri}{ih}$ である。

3．$\dfrac{\mathrm{PI}}{\mathrm{PF}} = \dfrac{\mathrm{RI}}{\mathrm{DF}}$，$\dfrac{pi}{pf} = \dfrac{ri}{df}$（△PIR ∽ △PFD，△pir ∽ △pfd より）から，1 も使って $\dfrac{\mathrm{PI}}{\mathrm{PF} \cdot \mathrm{RI}} = \dfrac{pi}{pf \cdot ri}$ すなわち（2 を使って），

$$\dfrac{\mathrm{PI}}{\mathrm{PF} \cdot \mathrm{IH}} = \dfrac{pi}{pf \cdot ih}$$

4．$\dfrac{\mathrm{PI}}{\mathrm{PS}} = \dfrac{\mathrm{IQ}}{\mathrm{SE}}$，$\dfrac{pi}{ps} = \dfrac{iq}{se}$（△PQI ∽ △PES，△pqi ∽ △pes より）から，1 も使って，

$$\dfrac{\mathrm{PI}}{\mathrm{PS} \cdot \mathrm{IQ}} = \dfrac{pi}{ps \cdot iq}$$

5．ここで P が，IH を軸 AB のまわりに 1 周させた部分（円環）から受ける力を考えよう。それは円環の質量すなわち面積（= 幅 × 円周 ∝ IH・IQ）に比例し，距離 PI の 2 乗に反比例し，∠IPQ の余弦 $\dfrac{\mathrm{PQ}}{\mathrm{PI}} = \dfrac{\mathrm{PF}}{\mathrm{PS}}$ に比例する（PI 方向の力のうち PS 方向の成分を考えるので）。つまり全体

217

として，

$$(\mathrm{IH} \cdot \mathrm{IQ}) \cdot \left(\frac{1}{\mathrm{PI}^2}\right) \cdot \left(\frac{\mathrm{PF}}{\mathrm{PS}}\right)$$

$$= \frac{\left(\frac{\mathrm{PF} \cdot \mathrm{IH}}{\mathrm{PI}}\right) \cdot \left(\frac{\mathrm{PS} \cdot \mathrm{IQ}}{\mathrm{PI}}\right)}{\mathrm{PS}^2}$$

に比例する。ただし右辺は，3と4の結果を使えるように組み合わせた。p についても同じ式が成り立つが，右辺の最初の括弧内，および2番目の括弧内は，3と4から等しいことがわかる。したがってPおよび p が円環部分から受ける力の比は，中心S(s)までの距離の比 $\left(\dfrac{\mathrm{PS}}{ps}\right)$ の2乗に反比例することが証明された。

KLと kl についても同様である。（終）

　以上は，球面と大きさのない粒子（質量のある点という意味で「質点」という）の間の重力についての定理である。この定理がこの章のポイントであることは間違いないが，最終目的である，内部が詰まった球どうしの重力についての定理にこれを拡張するには，いくつかのステップを踏まなければならない。まず命題74とその系1では均質な球と質点との間の力が，球の中心と質点との距離の2乗に反比例し，それぞれの質量に比例することを証明するが，特に質量に関する証明で，命題72で証明される定理を使う。そして命題75では，均質な球どうしの重力を扱い，最後に命題76で，均質ではないが球対称な物体間の重力を扱う。

命題72［相似関係にある球と質点との間の重力］

2つの，密度は等しいが半径が異なる球がある（球1，球2とする）。それぞれの外部に位置Ｐとｐを，それぞれの中心からの距離を半径の比に等しくなるように決める。するとＰおよびｐに置かれた（質量が等しい）質点に働く力の比は，球の半径の比に等しい。

解説 球1の，ある微小な領域Ａに対応する，球2の領域を a と呼ぶ。相似の関係から領域Ａと a の体積（質量）の比率は半径の3乗に比例する。またそれぞれの部分から質点までの距離は半径に比例するので，

$$ 力の比 \propto \frac{質量比}{距離の比^2} = \frac{半径の比^3}{半径の比^2} = 半径の比 $$

これが，対応するすべての微小な部分に対して成り立つので，力全体も半径に比例する。（終）

この証明をよく見ると，物体が球である必要はまったくないことがわかる。したがって次の定理が成り立つ。

命題72系3［相似関係にある物体と質点との間の重力］

密度が等しい，相似な2つの立体がある（球である必要はない）。それぞれの外部に，相似の位置に置かれた質点には，2つの立体の相似比に比例する力が働く（もちろん，立体の各部分からは，距離の2乗に反比例する同じ力が働いていることは前提とされる）。

次の定理は，仮に物体が地球の内部に入り込んだらどのような重力を受けるか，という話。それが何の役に立つのか疑問に感じるかもしれないが，たとえば地球の形状を考えるときに重要な役割を果たす（267ページ参照）。

命題 73 [球の内部の質点が受ける重力]

　一様な密度の球があり，その内部を自由に動ける質点があったとする。その質点が受ける力は中心からの距離に比例する。

解説（内部が詰まった球の中を質点が自由に動くという状況を考えるのが気持ち悪い人は，球の中心を通る細いトンネルを掘り，その中を通る質点がどのような力を受けるか考えればよい）与えられた球を図 11-4 の ADBC とし，質点はその内部 P に置かれたとする。PFQE は，SP を半径とする，球の内部に考えた仮想的な同心球面である。

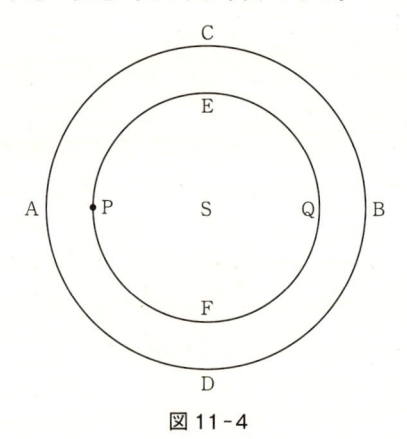

図 11-4

第11章　第Ⅰ編 Section 12　大きさのある物体の重力

同心球面より外の部分によるPへの引力全体は，命題70によりゼロである。同心球面内部によるPへの引力は，命題72より同心球面の半径に比例する（命題72で，質点が球の表面に置かれた場合を考えればよい）。（終）

――― **命題74 [球の外部の重力が逆二乗則を満たすこと]** ―――
　球の外に位置する質点には，球の中心からの距離の2乗に反比例した力が働く。

解説　球を，厚さが無限に小さい無数の同心球面に分割する。各同心球面が及ぼす力は，命題71により中心からの距離の2乗に反比例するので，球全体としても同じ。（終）

上の命題は，球対称の物体（天体）による重力が距離の2乗に反比例することを主張しているが，これを万有引力の法則に格上げするには，重力がその物体（天体）の全質量に比例することも示さなければならない。それは以下で示すように，命題72と命題74を組み合わせることによって証明される。

ただ，以下で何を証明しようとしているのか，誤解が生じないように，あらかじめ説明を加えておこう。大きさのない物体（つまり質点），あるいは大きさが微小な物体が受ける重力が，その質量に比例することは，プリンキピアでは最初から前提とされている。その根拠はたとえば振り子の実験であり，理論的に導かれたことではない（82ページ参照）。そしてそのことと作用反作用の原理から，質点が及ぼす重力がその質量に比例することは第Ⅰ編命題69で証明された（62

ページ)。

　一方，以下で証明されることは，微小ではない球形の物体が及ぼす重力は，(中心からの距離の2乗に反比例するばかりでなく) その物体の全質量に比例する，ということである。

命題74系1 [球による重力がその質量に比例すること]
　均質な球の引力は，中心から一定の距離においては，球自身の質量に比例する。

解説　まず最初は，同じ物質からできた (つまり質量密度の等しい)，ただし半径の異なる球1と球2を比較する (図11-5)。それぞれに対して，まず中心からの距離が半径に比例

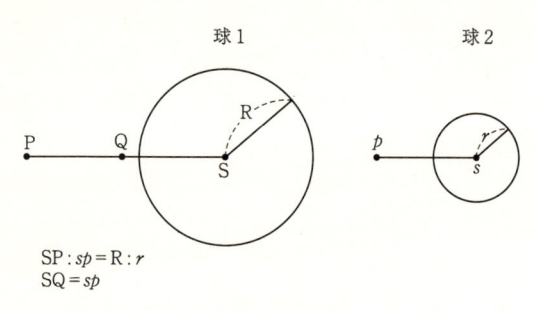

球1　　　　　　　　　球2

SP : sp = R : r
SQ = sp

図11-5　半径の異なる球の質量と重力

する2点 (Pとp) を考える。命題72より，そこに置かれた (同じ) 質点が受ける力の比は $\dfrac{\mathrm{SP}}{sp}$ に等しい。次に，Pの質点を SQ = sp となる位置Qまで移動する。すると，こ

第11章　第Ⅰ編 Section 12　大きさのある物体の重力

の質点がQで受ける力は，Pで受ける力と比べると$\frac{\mathrm{SP}}{\mathrm{SQ}}$の2乗倍になる。結局，質点がQと$p$で受ける力の比は，

$$\left(\frac{\mathrm{SP}}{sp}\right)\cdot\left(\frac{\mathrm{SP}}{\mathrm{SQ}}\right)^2 = \left(\frac{\mathrm{SP}}{sp}\right)^3$$

つまり2つの球の半径の3乗に比例する。しかし半径の3乗とはこの2つの球の体積比，すなわち質量比にほかならないので，同じ距離ならば力の比は質量比に等しいという主張が，この場合（すなわち質量密度が同じ物体を比べた場合）に証明されたことになる。

　この結論を，2つの球を構成する物質の質量密度が異なる場合に拡張することは容易だが，簡単に説明しておこう。半径も質量密度も異なる場合に球1と球2を比較するには，球1とは物質が同じで，球2とは半径が同じである，球3を介在させて考えるとよい。まず球1と球3は質量密度が同じなのだから，前記の結論より，それらによる重力の比は全質量の比に等しい。また，球2と球3による重力を比較するには，その各微小部分による重力を比較すればよい。この2つの球は形状が同じなのだから，同じように微小部分に分割することができる。しかしこの命題の直前で指摘したように，十分に小さい同じ形の微小部分に関しては，それによる重力の比は質量の比に等しいことは話の前提である。したがって，球2と球3全体に関しても，それによる重力は質量の比に等しい。結局，球1と球2による重力の比は，同じ距離ではそれぞれの質量の比に等しい。したがってこの定理は一般的に証明された。（終）

ここまでは，大きさをもつ球と，もたない質点との間の力についての議論であった．次に，大きさをもつ物体どうしの力の議論に入る．

── 命題 75 [均質な球どうしの重力] ─────────────
　2 つの均質な球がある．その各微小部分どうしの間には，その間の距離の 2 乗に反比例する力が働いている．そのとき，2 つの球の間には，中心間の距離の 2 乗に反比例する力が働く（原文には均質とは書かれていないが，明らかに均質な球に対する議論である）．

解説 まず，一方の球（球 1 とする）全体が，他方の球（球 2 とする）の各微小部分 P に及ぼす力を考える．それはこれまでの定理により，球 1 の構成物質全部がその中心 S に集中しているとしたときの力と同じである．この微小部分 P が球 1 の各部分に及ぼす力の（ベクトル的な）合計はその反作用であり，SP 方向を向き，SP の 2 乗に反比例する．球 2 全体による力は，そのような力の合力であり，それは命題 74 と同じ状況だから（命題 74 の球が上記の球 2 に，質点が上記の S に対応する），球 2 の中心と S（球 1 の中心）との距離の 2 乗に反比例する．（終）

また，命題 75 の力が，（解説中の意味での）球 1 の質量に比例することは命題 74 系 1 から明らかだが，作用反作用の原理により球 2 の質量にも比例すると説明する．そして，次の命題がこの章の最終結論となる．

第11章　第Ⅰ編 Section 12　大きさのある物体の重力

命題76［均質とは限らないが質量分布が球対称な球どうしの重力］

命題75とほぼ同じ状況。球は均質とは限らないが，質量の分布は球対称だとする。すると，球の間の力は中心間の距離の2乗に反比例する。

解説　中心からの距離によって質量が変化する球は，均質な球を（一般には無限個）加えたものとみなせる（たとえば半径の半分のところで質量が突然変化し，その内側では質量が倍になっている球は，大きな均質な球と，同じ物質からなる半径半分の均質な球を重ねたものとみなせる）。そして，均質な球どうしの間には，すべて中心間の距離の2乗に反比例する力が働くのだから，そのうえ，均質な球に働く力の合力が元の球に働く力なので，全体としても距離の2乗に反比例する力が働く。（終）

命題76の系では，この力がそれぞれの球の質量に比例することが主張されるが，これは上記命題の解説より，明らかであろう。以上により，球対称な天体どうしの間では，中心間の距離の2乗に反比例し，それぞれの質量に比例する力が働くことが証明された（もちろん，質点間にこのような力が働くことを前提としたうえで）。

ここまでは，各部分間の力が距離の2乗に反比例する場合であった。実際，天体の問題を考えるときにはそれで十分であろうが，ニュートンは以下で，力が距離に比例する場合も検討している。特に現実の状況に対応する話ではないが，好奇心の旺盛な読者のために一部だけ紹介しておこう。逆二乗

225

則の場合よりもはるかに簡単なので、それだけ説得力のある、気持ちのいい証明である。現実の状況に対応しているか否かとは無関係に、証明できることはすべて証明してしまおうというのが、プリンキピアでのニュートンの一般的な姿勢である。

命題77［距離に比例する力が働くときの球どうしの重力］

2つの、物質が球対称に分布している球があり、その各部分の間には距離に比例する引力が働いているとする。すると2つの球の間の引力は、その中心間の距離に比例する。

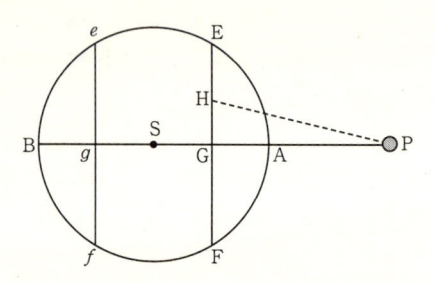

図11-6 EF部分とef部分（どちらも円板）が質点Pに及ぼす重力を考える

解説 まず、1つの球が質点に及ぼす力の議論から始める。上図11-6のPに質点があり、Sは球の中心である。PSに垂直な球の断面（円板）FGEを考え、この部分がPに及ぼす力を議論する。ただしこの円板は薄い厚さをもっている、つまり体積は有限であるとする。

円板上の任意の部分HがPに及ぼす力は距離PHに比例

するが,そのうちの PS に垂直な方向の成分は(PS をはさんで)反対側の部分による力と打ち消す。つまり PS 方向の成分だけが問題であり,それは PG に比例する。これは,この円板上のすべての部分についていえることである。

次に,S をはさんで反対側にある,この円板と同じ大きさのもうひとつの円板 *egf* を考える。同じ議論により,この円板が P に及ぼす力は P*g* に比例する。したがって,この 2 つの円板が P に及ぼす力全体は,PG と P*g* の平均である PS に比例する。そして,この議論は球のすべての部分について成立するので,球全体が P に及ぼす力も PS,つまり球の中心との距離に比例することがわかる。

次に,球どうしの間に働く力についての議論になるのだが,その筋道は,力が距離の 2 乗に反比例する場合と変わらないので省略する。(終)

命題 78 から命題 84 は,一般的な力についての計算法の一般論を扱う。力の全体を,曲線で囲まれる面積で表現するなどの興味深い点があるが,議論が煩雑なのと,特に目覚ましい結果が出ているわけではないので,ここでは省略させていただく。

第Ⅰ編 Section 13
第12章 球状でない天体の引力
……ニュートンの積分

　ニュートンは微積分という分野の創始者であるにもかかわらず，なぜかそれを使わずに議論を進めているというのがプリンキピアの興味深いひとつの特徴である。しかし例外もあり，特に Section 13 では積分の結果が何回か利用されている。そのうちのいくつかを紹介しよう。ここで議論されるのは完全な球対称ではない物体の引力であり，第Ⅲ編で地球の形状を論じるときに利用される。

―― 命題 90［円板が及ぼす力］――――――――――――――
　なんらかの法則に基づき距離によって大きさが決まる力を及ぼす物質から構成されている，一様な厚さの薄い円板がある。その中心を通る垂線上の任意の位置にある粒子（質点）に働く力を求める方法。

解説 図 12-1 で P は質点が置かれる位置であり，円板 DEAL は垂直に置かれている。A は円板の中心で，AD は円板を横から見たときの上半分である。E は円板上の任意の点であり，PA の延長上に PE = PF となるような点 F を取る。H は，同じように D に対応する点である（PD = PH）。また，AH を横軸，AL を（下向きの）縦軸として，力のグラフ LKI を描く。すなわち，AL, FK, HI はそれぞれ，距離 PA, PE, PD での力の大きさに比例させる（注）。

第12章 第Ⅰ編 Section 13 球状でない天体の引力……ニュートンの積分

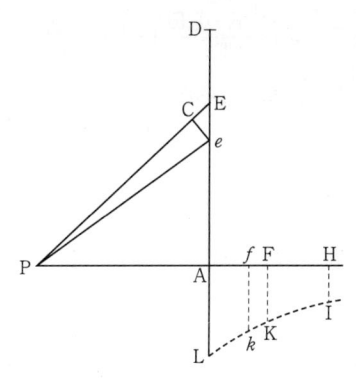

図 12-1 ある質点が円板に及ぼす力の大きさ
Pは質点，ADは横から見た円板の上半分，LKIは円板上の各点が及ぼす力のグラフ

[注] 求めるのは比例関係なので，厳密なことをいう必要はないが，単位面積あたりの力の大きさだと考えるとよい。

また図の e を，E と微小にへだたった円板上の点とする。また，$Pe = PC = Pf$ となるように C と f を取る。$CE = fF$ であり，また $\dfrac{AE}{PE} = \dfrac{CE}{Ee}$ であることに注意（2 番目の等式は，Ee が微小な極限では $\angle eCE =$ 直角だから $\triangle PAE$ と $\triangle eCE$ が相似であるため）。

ここで，PA を軸として，Ee を回転してできる円環が P に及ぼす力を考えよう。円環の面積は円周 × 幅だから AE・Ee に比例するが（比例係数は 2π），上で指摘した 2 つの等式から，

229

$$\mathrm{AE} \cdot \mathrm{E}e = \left(\frac{\mathrm{PE} \cdot \mathrm{CE}}{\mathrm{E}e}\right) \cdot \mathrm{E}e = \mathrm{PE} \cdot f\mathrm{F}$$

に比例する。また、Ee 部分が P に及ぼす力の大きさは FK だが、それは PE 方向を向いており、その PA 方向の成分は FK $\cdot \left(\dfrac{\mathrm{PA}}{\mathrm{PE}}\right)$ である。したがって円環全体が及ぼす力は、

力の PA 方向の成分 × 面積

$$\propto \mathrm{FK} \cdot \left(\frac{\mathrm{PA}}{\mathrm{PE}}\right) \cdot (\mathrm{PE} \cdot f\mathrm{F})$$

$$= \mathrm{PA} \cdot \mathrm{FK} \cdot f\mathrm{F}$$

に比例する。FK $\cdot$ fF という部分は、グラフ LKI と横軸 AH が作る図形の、fFKk という部分の面積である。したがって、これを Ee の部分(つまり fF 部分)ばかりでなく AD 全体(つまり AH 全体)で足し合わせるとすれば、結果は、AHIKL の面積(つまり曲線 LKI の積分)に PA を掛けたものになる。これが P にある粒子に円板全体が及ぼす力に比例する量となる。(終)

　この問題は、円板上の各点の寄与を、円板全体で合計する(積分する)問題である。その際、円板を、微小な幅の円環に分割し、円環ごとに計算した後で合計する、という手順を取る。現代風の式で表現したらどうなるか、比較のために示しておこう(図 12-2)。

PA $= a$, AE $= x$, PE $= y$, eE $= \Delta x$, $\angle$EPA $= \theta$ とすると、

$$y = \sqrt{a^2 + x^2} \qquad \cos\theta = \frac{a}{y}$$

第12章 第Ⅰ編 Section 13 球状でない天体の引力……ニュートンの積分

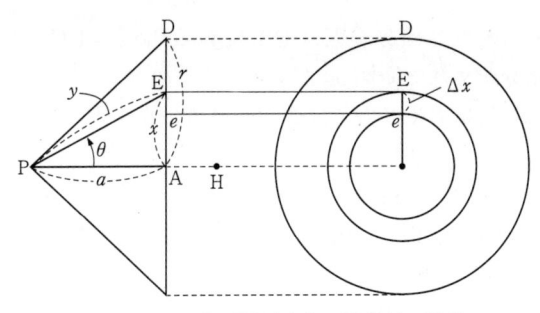

図 12-2 円板が及ぼす力の現代風の計算

各円環の寄与を計算しそれをxで積分すれば、円板全体が及ぼす力が求まる

である。距離がyのときの単位面積あたりの力を$f(y)$とすれば、

$$円環\ eE\ の部分の\ (PA\ 方向の力への)\ 寄与$$
$$= f(y)\cdot\cos\theta\cdot(2\pi x)\Delta x \quad (*)$$
$$= \frac{2\pi a\cdot f(y)}{y}x\Delta x$$

したがって、

$$求める力 = 2\pi a\int\frac{f(y)}{y}xdx$$

xからyに積分変数の変換を行えば、$\frac{dy}{dx}=\frac{x}{y}$, つまり $\frac{dx}{dy}=\frac{y}{x}$ であることを使って、

$$求める力 = 2\pi a\int\frac{f(y)}{y}x\,\frac{dx}{dy}\,dy$$
$$= 2\pi a\int f(y)\,dy$$

231

となる。ただし積分範囲は PA $<y<$ PD ($=$ PH) である。この積分がまさに命題 90 が主張するものである。

この現代風のやり方では変数変換の公式を使った。一方、ニュートンの方法では、
$$\cos\theta \cdot x\Delta x = a \cdot \Delta y \qquad (**)$$
(ただし $\Delta y =$ PE $-$ P$e = f$F) であることを相似などを使って指摘し、(*) に代入して、

円環 eE の部分の寄与 $= f(y)(2\pi a)\Delta y$

これを円板全体で加えれば、求める積分になる。(**) に気づくかどうかがポイントだが、変数変換の方法に慣れてしまっている現代人には難しい。結果を知っていれば考えつくかもしれないが。

命題 90 系 1

力が距離の 2 乗に反比例する場合、力の曲線 LKI は、横軸(P が原点)を y として $\dfrac{1}{y^2}$ であり、積分範囲は PA $<y<$ PH。$\dfrac{1}{y^2}$ の積分が $-\dfrac{1}{y}$ であることを使うと、

力の合計 $\propto$ PA $\cdot$ (曲線 LKI の積分)
$$= \text{PA} \cdot \left(\frac{1}{\text{PA}} - \frac{1}{\text{PH}}\right)$$
$$= 1 - \frac{\text{PA}}{\text{PH}} = \frac{\text{AH}}{\text{PH}}$$

であることがわかる。

解説 特に、この円板が無限に大きい場合には PH が無限大

になるので，$1 - \dfrac{\text{PA}}{\text{PH}} \to 1$ となり，力は 1 に比例する，つまり P の板からの距離によらない定数となる。これは電磁気学の場合によく知られた結果である（無限の平面に一様に広がった電荷が作る電場の大きさは，平面からの距離に依存しない）。(終)

命題 90 系 2

力が距離の n 乗に反比例する場合，今度は $\dfrac{1}{y^n}$ の積分になるので，結局，$\text{PA} \cdot \left(\dfrac{1}{\text{PA}^{n-1}} - \dfrac{1}{\text{PH}^{n-1}} \right)$ に比例する（この結果の理由は何も書かれておらず，ニュートンは $\dfrac{1}{y^n}$ の積分が $\dfrac{1}{y^{n-1}}$ に比例することを自明のこととして使っている）。

次の命題 91 では，回転体，すなわちある直線を回転軸としてなんらかの図形を回転させてできる立体による引力を求める。具体例では複雑な積分が登場する。命題 91 自体は計算方法の概略にすぎないので，それを飛ばしていきなり具体例に入る。まず最初は，最も簡単な回転体である円柱での計算（前記の系 1 の結果を使うので，以下の計算はすべて，力が逆二乗則にしたがう，つまり重力の場合である）。

命題 91 系 1 ［円柱が及ぼす重力］
図 12 - 3 の DGCE は，一様な物質からできた，AB

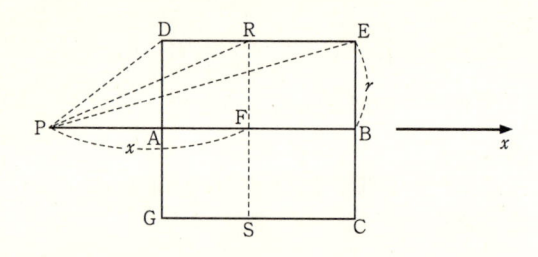

図12-3 円柱DGCEが質点Pに及ぼす重力の計算

を軸とする，横にした円柱の断面である。この物質が粒子に，距離の2乗に反比例する力を及ぼすとしたとき，軸の延長上の点Pに置かれた粒子に働く，円柱全体による引力は，AB − PE + PD に比例する。

解説 円柱を，軸に垂直な薄い円板に分割する。そのような円板の1つを横から見たのが RFS である（ただし円板の厚さは無視して描かれている）。円板 RFS が粒子に及ぼす力は，命題90系1より $1 - \dfrac{PF}{PR}$ に比例するので，これをAからBまで合計（積分）すればよい。

まず，$1 - \dfrac{PF}{PR}$ の第1項，すなわち1をAからBまで積分すれば答えは AB である。一方，第2項 $\dfrac{PF}{PR}$ をAからBまで積分した結果が PE − PD なのだが，これを示すには積分計算を行わなければならない。

まず，円柱の軸方向を x 軸とし P を原点とする。$PF = x$ と書く。また円柱の半径を r とすれば，

$$\frac{\mathrm{PF}}{\mathrm{PR}} = \frac{x}{\sqrt{x^2 + r^2}}$$

これを x で積分（不定積分）すれば（ニュートンはこの積分も知っていた），

$$\int \frac{x}{\sqrt{x^2 + r^2}}\, dx = \sqrt{x^2 + r^2} + （積分定数）$$

であるが，AB間，つまり PA $< x <$ PB の範囲の定積分だと考えれば答えは，

$$\sqrt{\mathrm{PB}^2 + r^2} - \sqrt{\mathrm{PA}^2 + r^2} = \mathrm{PE} - \mathrm{PD}$$

となる。これを第1項の AB から引けば与式が得られる。（終）

次の系では，回転楕円体（楕円を回転させて作る立体）について同様の議論をしている。かなりめんどうな計算になるが，変形した地球の重力の考察（第III編）に使うので紹介しておこう。系2は扁平な楕円体，すなわち球をある方向に縮めてできる楕円体，あるいは楕円を短軸を軸として回転してできる楕円体のケースである（これに対して，球をある方向に伸ばしてできる楕円体，つまり長軸を軸として楕円を回転してできる楕円体を扁長な楕円体という。地球が扁平か扁長かについての議論とその意味については267ページ参照）。

── **命題91 系2 [扁平な楕円体による重力]** ──
一様な物質からできた回転楕円体 ACBG を考える（図12-4）。ただしこの回転楕円体は球を AB 方向に縮めてできた立体（扁平な楕円体）であり，回転軸は AB である（つまり AB に垂直な断面は円）。

また，AB上の任意の点Eでの垂線上にER = PDとなるようにRを取り，曲線MRKを描く（したがってAK = PA，BM = PBである）。また，直線MKと曲線MRKではさまれた部分（弓形）の面積をKMRKと記す。すると，この回転楕円体が点Pに置かれた粒子に及ぼす引力と，ABを直径とする球がこの粒子に及ぼす引力の比は，

$$\frac{2(AS \cdot CS^2 - PS \cdot KMRK)}{(PS^2 + CS^2 - AS^2)} : \frac{2AS^3}{3PS^2}$$

となる（球は，力の大きさの基準として使われている）。

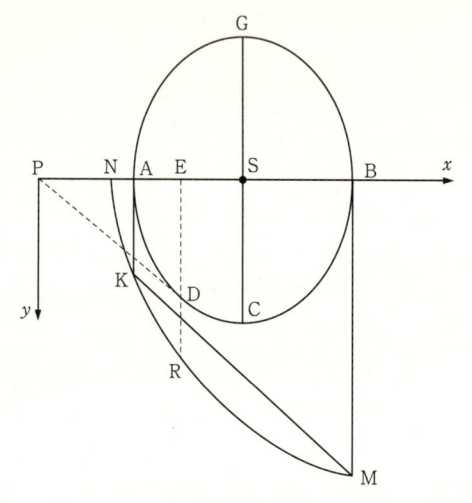

図12-4 回転楕円体ACBGが質点Pに及ぼす重力の計算
Pの座標が $(0, 0)$，SA $= a$，SC $= b$，
PS $= c$，PE $= x$

解説 じつは，この複雑な結果をどのようにして導いたのか，

何も書かれていない。しかし現代風に積分で計算していくと、まさにこのような式が出てくる。ニュートンがかなり複雑な積分を駆使していたことが想像される。どのような積分なのか、興味深いので、ニュートンが考えた筋道と思われるものを紹介しよう。この式からも想像されるように、かなりめんどうなので覚悟していただきたい。

弓形の面積 KMRK が答えに出てくるのは、積分を完全には計算していないためである。この部分の積分の答えは逆三角関数という関数によって表され、図のいずれかの部分の長さの加減乗除だけでは表すことはできない。

図12-3に合わせて、PS方向をx軸、図でそれに垂直な方向をy軸とし、Pを原点とする。また、楕円の短半径SAをa、長半径SCをb、$c = \text{PS} = \text{PA} + a$とし、また$e$を、

$$\frac{a^2}{b^2} = 1 - e^2$$

と決める（eは楕円の離心率と呼ばれる量）。

Pに働く力は、これまでと同様に命題90系1より、積分範囲をAB間、すなわちPA$< x <$PBとして、

$$\text{求める力} \propto \int \left(1 - \frac{\text{PE}}{\text{PD}}\right) dx$$

$$= \text{AB} - \int \frac{x}{\sqrt{x^2 + y^2}}\, dx \qquad (*)$$

（第Ⅲ編での応用のためにはこの式を知っていれば十分なのだが、さらに計算を続けよう）楕円の式、

$$\frac{(x-c)^2}{a^2} + \frac{y^2}{b^2} = 1$$

より y は x の関数として表され，式（*）の第 2 項の平方根の中は，

$$x^2 + y^2 = \frac{(a^2 - c^2) + 2cx - e^2x^2}{1 - e^2} \quad (**)$$

となる。右辺は x の 2 次式だが，一般の 2 次式，
$$X = \alpha x^2 + \beta x + \gamma$$
に対して，積分公式（不定積分），

$$\int \frac{x}{\sqrt{X}}\, dx$$

$$= (4\alpha\gamma - \beta)\{(4\gamma + 2\beta x)\sqrt{X} - 4\beta \int \sqrt{X}\, dx\}$$

が成り立つ（この式は数学の公式集などを見ていただきたい）。

この公式を $X = (a^2 - c^2) + 2cx - e^2x^2$ の場合にあてはめ，単純だがかなりめんどうな計算をすると，

$$(*) = \frac{2}{c^2 + e^2b^2}\left\{ab^2 + c\left(2ac - \int \sqrt{\frac{X}{1 - e^2}}\, dx\right)\right\}$$

ここで，定理の表現と合わせるために a，b，c などを図の記号で書き換える。たとえば，
$$c^2 + e^2b^2 = c^2 + b^2 - a^2 = PS^2 + CS^2 - AS^2$$
や式（**）などを使うと，

$$(*) = \frac{2}{PS^2 + CS^2 - AS^2}\{AS \cdot CS^2$$
$$+ PS \cdot (AB \cdot PS - \int PD dx)\}$$

さらに，最後の（　）内は弓形 KMRK の面積にマイナスを付けたものにほかならない。なぜなら，

第12章 第Ⅰ編 Section 13 球状でない天体の引力……ニュートンの積分

$$\mathrm{AB} \cdot \mathrm{PS} = \frac{\mathrm{AB} \cdot (\mathrm{AP} + \mathrm{BP})}{2} = \frac{\mathrm{AB} \cdot (\mathrm{AK} + \mathrm{BM})}{2}$$

は台形 ABMK の面積であり，

$$\int \mathrm{PD}\,dx = \int \mathrm{ER}\,dx$$

は ABMRK の面積だからである。これで，この命題の比の第1項が求まった。

第2項は，半径 AS の球による引力であるが，それは球の体積に比例し，中心からの距離の2乗に反比例するので，

$$\frac{4\pi \mathrm{AS}^3}{3\,\mathrm{PS}^2}$$

に比例する。しかし命題90の結果は，比例関係ということで 2π を付けていないので（命題90の解説の最後の式と，その系1のすぐ前の式を比較せよ），それを取り除けばこの定理の比の第2項が求まる。（終）

プリンキピアには計算は何も書かれていないが，おそらくこんなところだろう。$\dfrac{1}{\sqrt{X}}$ の積分を部分積分によって $\sqrt{X}$ の積分に直したために，図形の面積との対応ができたことに注意。

次の系3も第Ⅲ編で利用する。均質な球の場合，質点が球の内部に入ると，それに働く重力は中心からの距離に比例する（第Ⅰ編命題73, 220ページ）。同様のことが回転楕円体でもいえるというのが，次の命題である。

---**命題91系3 [回転楕円体内部で働く重力]**---

回転楕円体の内部の質点に働く力は，中心からの一直線上で比較すると，中心からの距離に比例する。

解説 球の場合に同じことを主張する命題73は2段階で証明された。簡単に復習すると，質点が球の内部にあるとき，中心からの距離がその位置よりも近い部分（つまり内部の小さな球）と，それより遠い部分（それを囲む外側の球殻）に分ける。そして，

(1)外側の球殻全体としては，この質点に力を及ぼさない。
(2)内部の小さな球は，その半径に比例する力をこの質点に及ぼす（球の質量は半径の3乗に比例し，力は距離の2乗に反比例する〈表面上では距離＝半径〉のだから当然である）。

回転楕円体の場合も同様に議論できる。この回転楕円体を，すべて相似で，同じ点Sを中心とする多数の回転楕円面によって分割してみよう（図12-5）。質点はPにあるとする。すると，

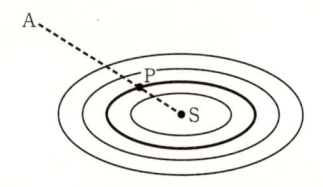

図12-5 回転楕円体内部で働く重力
回転楕円体を，相似な回転楕円面で分割する。Pに働く重力は太線の回転楕円面内部だけで決まる

第12章　第Ⅰ編 Section 13　球状でない天体の引力……ニュートンの積分

(1) Pを通る回転楕円面より外側の部分は，全体として，この質点に力を及ぼさない。

(2) それより内側の部分は，Pを，ある固定された直線AS上を動かして比較したとき，PSの長さに比例した力をPに及ぼす。

この2つの主張のうち，(2)のほうは命題72系3（219ページ）よりすぐに証明できる。したがって(1)を証明しよう。証明は，球殻の場合の命題70（213ページ）と同様に行われる。つまり，Pを頂点とする円錐をPの両側に考え，その両側の重力が打ち消しあうことを示す。

図12-6を見ていただきたい。回転楕円体の表面に相似

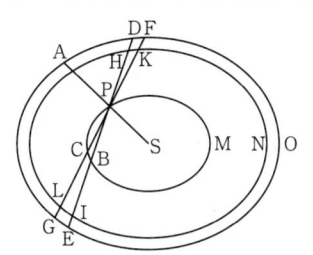

図12-6　PCBMの外側全体は質点Pに力を及ぼさない

な，中心を共有し，大きさは微小にしか異ならない面を2つ描く。その断面が図のGEOFDとLINKHである。質点を置く位置Pはその内側にあるとする。

Pを頂点とする，頂角が微小な，反対側に位置する2つの円錐を考える。図のPGEとPDFがその断面である。この円錐の，2つの回転楕円面によって切り取られた部分を考えよう。これらを円錐台と呼ぶ。その縦断面がDHKFとLGEIである。

241

まず,
$$DH = IE \quad (同じことだが FK = LG)$$
である(このことはあまり明らかとは思われないが, DE と HI の中点が共通だからと簡単に説明されている:注参照)。したがって, この2つの円錐台の体積の比率は, $\dfrac{PL}{PK}$ の2乗である(円錐台の, 軸に直角な断面の面積の比率が $\dfrac{PL}{PK}$ の2乗である。これに対して, 円錐台の高さとみなすべきところは DH や IE だが, それは等しい。円錐台の底面が斜めになっていることは体積には影響しない)。一方, 力は距離の2乗に反比例するのだから, 結局, この2つの円錐台が P に及ぼす力は, 大きさが等しく方向が逆, つまり打ち消しあう。

そして, P を頂点とするすべての方向の円錐に関して同じことがいえるので, この2つの回転楕円面 (GEOFD と LINKH) にはさまれた領域からは, P は力を受けない。これより(1)が証明されるので, 題意が示された。(終)

[注] DE と HI の中点が一致することをニュートンがどのように理解したかはわからないが, 現代風に式で説明すれば次のようになる。まず,
$$\frac{x^2}{a^2} + \frac{y^2}{b^2} = 1$$
という式で表される楕円を考える。この楕円内部の (x_0, y_0) という点 Q を中点とする弦の式は,

$$\frac{x_0(x-x_0)}{a^2} + \frac{y_0(y-y_0)}{b^2} = 0 \qquad (*)$$

と書ける(これはSQと楕円の交点における接線を,Qを通るように平行移動した式である)。なぜなら,この式で表される直線がQを通ることは明らかであり,また,この直線と上記の楕円との2交点の中点がQであることは,連立させて少し計算すればわかる(2次方程式の解の和は,式の係数を見ればすぐにわかる)。

一方,この楕円と中心を共有する相似な楕円はすべて,aとbを同じ割合だけ増減することによって得られる。そしてaとbを同じ割合だけ増減しても,($*$)の式は変わらない。つまり相似変形した楕円に関しても,($*$)はQを2交点の中点とする直線である。これが,上記の命題で使った楕円の性質である。

第I編最後の,比較的短いSection 14では,粒子が板を貫く場合の運動方向の変化などが議論される。粒子は板の内部を通過するとき,その表面に垂直方向の力を受けるとし,板に入射したときの運動方向と,板から出て行くときの運動方向が,光の屈折の法則(スネルの法則)と同じになるといった主張をする。場合によっては,粒子は入ってきた板の表面から出て行くこともあり,その場合は光の反射の法則と同じになる。そしてこのような計算が光学的な応用に適していると述べる一方で,光の本性がこのようなものであるとの主張をしているわけではないといった意味のコメントも記している。

第13章 第Ⅱ編 Section 1～9 抵抗を及ぼす媒質内での物体の運動

　第Ⅱ編では，天体関連ではない，さまざまな，身のまわりの現象が扱われる。地上の物体には重力が働くが，それ以外に媒質（空中では空気，水中では水など）による抵抗力が働く。その力は重力とはかなり性質が異なり，それなりの手法が必要である。また，抵抗力ばかりでなく音や波についても議論され，運動の法則はすべての力学現象に適用できる普遍的な法則として役立つことが示される。しかしニュートンにとってはその背景に常に惑星の運動の問題があることも，あちこちで明かされている。

　第Ⅰ編にほぼ匹敵する長さをもつ第Ⅱ編を，これまでと同じように紹介することは本書ではできない。ここでは，第Ⅱ編の斜め読みということで，どのような問題が扱われているかをおおざっぱに解説する。取り上げる命題も，ほとんど証明なしで紹介せざるをえない。それでも，ニュートンの思考がどれだけ広がっていたのか，垣間見られたと思っていただければ幸いである。

1．抵抗力と重力を受ける質点の運動

　空気中，あるいは液体の中で抵抗を受けながら動く，大きさが無視できる物体の運動を考えるのだが，Section 1 では抵抗が速度に比例する場合，Section 2 では抵抗が速度の2乗に比例する場合，Section 3 では，それらを合わせた状況が議論される。そして Section 4 では，もし惑星が宇宙空間

で抵抗を受けていたらどのような運動をするかという問題が議論される。

Section 1では、まず抵抗力のみを受けているときの運動を考えた後、一様な重力（地表上に限定した場合のように、大きさがほぼ一定の重力）と、速度に比例する抵抗を受ける物体の垂直落下運動が説明される。現代的に式を書きながら解説しよう。

質量 m の物体に働く重力の大きさを mg とし、また抵抗は、速度 v に比例するということで、その比例係数を k として kv とする。落下している場合は力の向きは逆方向だから、

$$力 (F) = 重力 + 抵抗力 = mg - kv \quad (*)$$

である。

たとえば雨粒のような物体の落下運動を考えるとよい。最初は重力で加速されるが、速度が増えると抵抗力が増えて力はバランスする。つまり、物体にかかる合力はゼロになるので、慣性の法則により一定の速度で落下し続ける。そのときの速度を v_∞ とすると、それは（*）がゼロ、すなわち、

$$mg = kv_\infty, \quad ゆえに \quad v_\infty = \frac{mg}{k}$$

である。v_∞ は最終的な速度なので終速度と呼ばれる。これを使うと（*）は、

$$F = k(v_\infty - v) \quad (**)$$

と書ける。

図 13-1 で、横軸は速度、縦軸は力の逆数を表す。描かれている曲線は $\dfrac{1}{k(v_\infty - v)}$ のグラフである。ニュートンの主

（図：縦軸 $\frac{1}{k(v_\infty - v)}$、曲線上に点K、水平線BF、点I、横軸に v、v_∞、原点0、点A、B）

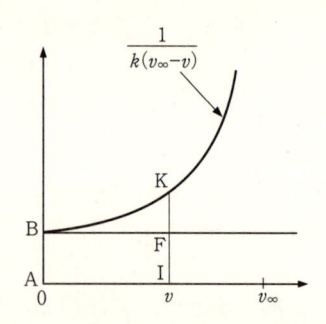

図13-1 抵抗を受け垂直落下運動をする物体の速度（横軸）と力の逆数（縦軸）

張を，初速がゼロの場合に説明すると次のとおり。

命題3

初速ゼロ（図の原点）から落下し始め，速度は次第に増えていき，ある値 v になったとする。すると，そのときまでの時間は図の ABKFI の面積に比例し，そのときまでの落下距離は BKF の面積に比例する。

詳しい証明はしないが，微分で考えるとわかりやすいだろう。力 F は加速度，すなわち速度の微分 $\frac{dv}{dt}$ に比例するから，その逆数は $\frac{dt}{dv}$ に比例する。

$$\frac{dt}{dv} \propto \frac{1}{F}$$

$\dfrac{dt}{dv}$ を v で積分すれば t になる（t を v で微分してから v で積分すれば t に戻る）のだから，$\dfrac{1}{F}$ を v で積分すれば時間 t が得られる。

また落下距離を x とすると，それは同様に $\dfrac{dx}{dv}$ を v で積分すれば得られる。$\dfrac{dx}{dv}$ は合成関数の微分公式（注参照）や（**）を使うと，

$$\frac{dx}{dv} = \frac{dx}{dt} \cdot \frac{dt}{dv} \propto \frac{v}{F}$$
$$= v_\infty \left(\frac{1}{F} - \frac{1}{kv_\infty} \right)$$

である（最後の等式は右から左を求めたほうがわかりやすいかもしれない）。したがって $\dfrac{dx}{dv}$ の積分が図のBKF部分（曲線 $\dfrac{1}{F}$ と直線 $\dfrac{1}{kv_\infty}$ にはさまれた部分）に比例することがわかる。

> [**注**] x を v で微分するには，まず x を t で微分してから，t を v で微分すればよいという公式。

この命題のあとでは，斜め方向に投げられた物体が重力と抵抗を受けたときの運動の，さまざまな側面が議論される。しかし Section 1 の最後に，「粘性をもたない媒質中では，

247

物体が受ける抵抗はむしろ，速度の（1乗ではなく）2乗に比例する」と指摘する．運動するときに物体が，かきわけなければならない媒質の量は速度に比例し，またそのときに媒質の各部分に与える運動量も速度に比例するので，全体として，単位時間に減じる運動量は速度の2乗に比例するはずという主張である．

それに基づき Section 2 では，速度の2乗に比例した抵抗が議論される．やはり，抵抗力だけを受けたときの運動から始まる．たとえば最初の命題5では（わかりやすいように少し書き換えるが），

命題5

重力は受けずに動いている物体が速度の2乗に比例する抵抗を受けるとき，経過時間が a 倍になるごとに（a は任意の定数）速度は $\dfrac{1}{a}$ になり，その間の移動距離は一定である．

これも式で書くとわかりやすい．運動の法則は，

$$\text{加速度} = \frac{dv}{dt} \propto \text{抵抗力} \propto v^2 \qquad (*)$$

この式を解くと，

$$v \propto \frac{1}{t}$$

であり（こうすれば，$\dfrac{dv}{dt}$ も v^2 も $\dfrac{1}{t^2}$ に比例することにな

り（*）を満たす），さらにこれを積分すれば，

$$x \propto \log t + 定数$$

である（対数 $\log t$ を微分すれば $\frac{1}{t}$ である）。これより，t が a 倍の at になると v は $\frac{v}{a}$ になり，x は一定値 $\log a$ だけ増えることがわかる（対数の公式 $\log at = \log t + \log a$ より）。

このようなことを論じた後，重力も受けての落下運動が扱われる。たとえば命題9では，落下時の速度と時間との関係が，ある扇形の面積によって与えられることが示されるが，詳細は省略する。

次の命題10，およびそれに続く長い部分では，重力は一様だが，媒質の密度が変化する場合が検討される。抵抗は物体の速度の2乗に比例するばかりでなく，媒質の密度にも比例すると仮定され，ある方向に投げられた物体がある軌道を描いて飛んで落下するとき，媒質の密度は各場所でどのようになっているか，という問題が議論される。

次のSection 3では，速度に比例する抵抗力と，速度の2乗に比例する抵抗力が共存している場合の運動が議論される。

Section 3までは重力は一様とされており，地表上での物体の運動が念頭にある議論であった。それに対してSection 4では，宇宙空間で重力を受ける物体には抵抗も働くとした場合の運動を議論する。たとえば，

> **命題 15**
> 物体が，力の中心 S からの距離の 2 乗に反比例する重力を受けており，また媒質の密度は S からの距離に反比例しているとき，物体の軌道は等角螺旋となる。

ここで螺旋とは，図 13-2 に示すように，回転しながら中心に落下していく軌道を意味するが，特に等角螺旋とは，軌道上の各点で，接線の方向と中心への方向の角度が常に一定である螺旋を意味する。ニュートンがこの定理を示した目的

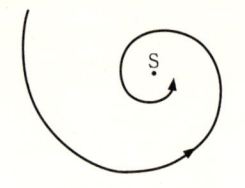

図 13-2　螺旋運動

のひとつは，宇宙空間には，天体に抵抗を及ぼす物質など存在していないことを示すことであったと思われる。宇宙空間には何かが充満していると主張する人々がニュートンの万有引力説に反対していたことを思い出していただきたい（36ページおよび最終章参照）。現実の惑星は螺旋運動などしていない。

2．流体の性質

第 II 編 Section 5 は，「流体の密度と圧縮および流体静力学」という表題である。流体とは液体や気体のことだが，球

状の物体を取り巻く流体,すなわち地球上の空気の分布といった問題が,ニュートンの関心事の出発点であったと思われる。

命題22

圧力と密度が比例する流体が,中心からの距離の2乗に反比例する重力によって引かれているとすると,中心からの距離の逆数が一定の値だけ減るごとに,その流体の密度は一定の割合だけ減る。

「圧力と密度が比例する」というのは,気体に対するボイルの法則である。ボイルがこの法則を提唱したのは1662年なので,プリンキピアの出版年である1687年から見るとそれほど古い話ではない。この法則は,まだそれほど確立していなかったためなのか,ニュートンはたとえば,圧力が密度の $\frac{4}{3}$ 乗に比例していたらどうなるか,などと議論している(この場合,密度は距離の3乗に反比例する)。

ところで上の定理の主張の意味は,中心からの距離を r とすれば,密度は $\frac{1}{r}$ の指数関数だということである。式で表すと,

$$\text{密度} \propto e^{\frac{k}{r}} \qquad (*)$$

となる(k は正の定数)。$\frac{1}{r}$ が,ある値 a だけ減れば,

$$e^{\frac{k}{r}} \to e^{\frac{k}{r}-ka} = e^{\frac{k}{r}} \cdot e^{-ka}$$

つまり $\frac{1}{e^{ka}}$ になる（＝一定の割合だけ減る）。

（＊）によれば，遠方（r が無限大）になれば密度は減るが，ゼロにはならず，ある一定値に近づく（$e^0 = 1$）。

実際の地球の空気の密度は，遠方で（つまり宇宙空間にいったとき）一定値になるというよりは，むしろゼロになる。無限遠方での一定値がゼロに等しいと考えてもよい。そのときは（＊）の比例係数がゼロでなければならず，空気の密度はあらゆるところでゼロになる。実際，現在地球の周囲にある空気は少しずつ宇宙空間に抜け出しており，最終的には無限の宇宙空間に広がって，空気の密度はいたるところでゼロということになるだろう。

もし重力が遠方で小さくならず，一定だとすれば（地上付近に限定すればほぼそうなっている），空気の密度は地表からの距離を r として，

密度 $\propto e^{-k'r}$

となることも示せるが（k' は，ある正の定数），ニュートンは，これはすでにハレーによって見つけられている結果だと述べている。

3．振り子

第II編 Section 6「振り子」の最初の命題 24 は簡単な話ではあるが，プリンキピア全体に関係する重要な問題が扱われている。

重さと質量は，よく混同される概念だが，元来は別の量で

ある。重さとは地表上でその物体に働く重力であり、質量とは、その物体の加速しにくさである（質量×加速度＝力という式により、その大きさが決定される量）。質量の定義には重力はまったく関係しない。

しかし重さは質量に比例するので、単位をうまく選べばこの2つの量は数値としては同じになり、混同しても無害であることが多い。重さと質量の比例関係は「厳密」に成り立つと思われており、プリンキピアではそのことを、最初の「定義」の箇所で注意した（82ページ）後は、全編で当然のこととして使っている。

重力が質量に比例することを示す実験としては、（史実ではないようだが）ガリレオのピサの斜塔での実験が有名である。同時に手を離れた（たとえば）木と鉄の塊が同時に地面に落下するという実験である。鉄は質量が大きく加速されにくいが、ちょうどその分だけ大きな重力が働くので、（空気の抵抗を無視すれば）正確に木と同じように加速されるからである。プリンキピアでニュートンは、ガリレオの実験（とされるもの）には言及せず、自分自身で行った振り子の実験によって、質量と重力が比例することを精密に確かめたと主張している。その実験の理論的根拠となるのが命題24である。

―― 命題 24 ――――――――――――――――――――

真空中では、長さと振幅が決まった振り子の周期の2乗は、振り子に付けた物体の質量と重さの比に比例する。

したがって，もし，同じ長さの振り子を同じ振幅で振らせたときの周期が，その振り子に付ける物体を変えても変わらなければ，質量と重さの比は物体によらずに一定，すなわち質量と重さは比例する（適当な単位を選べば数値としても同じになる）ことになる。真空中と断っているのは，空気の抵抗が無視できる限り，という意味である（ただし，質量と重さの比は，地球上の場所が違えば変わる。地球による重力は場所によって多少，異なるからである。振り子時計の進み方が場所によって違うことはプリンキピアでも議論されている，276ページ参照）。

　上の命題はきわめて重要なので，ニュートンがどのように証明したのか紹介しておこう。

　異なる物体を付けた同じ長さの2つの振り子が，同じ振幅で振れているとする。軌道も同じ，力の方向も同じなのだから，仮に周期が異なるにしても，一方の運動は他方の運動を一様に時間を引き伸ばした，あるいは縮めたものになっているはずであるというのが，議論のポイントである。

　まず，軌道を同じように細かく分割し，対応する各部分を比較する。2つの振り子の周期が違うとしても各部分の通過時間は比例関係にあり，各部分での速度も比例関係にある。距離が等しければ，速度と時間は反比例するので，

　　　各部分での速度の比 = 各部分の通過時間の逆数の比
　　　　　　　　　　　 = 周期の逆数の比

　また，速度とは速度の変化の積み重ねなので，

　　　各部分での速度の比 = 各部分での速度の変化の比

でもあり，また運動の法則より，運動量（= 速度 × 質量）の変化は力 × 時間なので，

$$各部分での速度の変化 \propto \frac{通過時間 \times 重力}{質量}$$

でもある。この式は,

$$各部分での速度の変化の比 = \left(\frac{通過時間 \times 重力}{質量}\right)の比$$

$$= \left(\frac{周期 \times 重力}{質量}\right)の比$$

を意味する。これらをすべて合わせると,

$$周期の逆数の比 = \left(\frac{周期 \times 重力}{質量}\right)の比$$

となり,少し書き換えれば,

$$\left(\frac{質量}{重力}\right)の比 = (周期の2乗)の比$$

あるいは,

$$\frac{\frac{質量}{重力}}{周期^2} = 一定$$

となる。これが,この定理の主張である。

ここで,2つの振り子の振幅は同じであると仮定されていることに注意しよう。同じ長さの振り子ならば,振幅が変わっても周期は変わらないという主張がしばしばなされ,振り子の等時性と呼ばれる。実際,バネの振動のように,変位と復元力が比例しているならば振動の周期は振幅に依存しないのだが,振り子の場合,この比例関係は厳密には成り立たない。したがって厳密な話としては,振幅が等しいとして議論しなければならない。

ところでニュートンは，プリンキピアで質量という用語を定義したところで，質量と重さが比例することを，振り子の実験によって（つまり周期が物体に依存しないことを確認することで）精確に確かめたと書いている。しかし，どの程度の精度で確かめたのか，具体的なことは書かれていない。むしろ第II編のこのSection 6の大部分では，真空中という理想的な状況ではなく，空気の抵抗により振動が変化する場合を議論している。抵抗により振幅や周期がどの程度，変化しうるかを理論的に検討した後，自分で行った実験についての詳しい記述を行う。そして空気の抵抗の大きさを導くのだが，どの程度，精密な測定になっているのか多少疑わしい点もあり，ここでは，その紹介は省略することにする。ただ，同様の実験を水中あるいは水銀中でも行い，抵抗が，媒質の密度にほぼ比例すると主張していることを指摘しておこう。

4．物体の形状と抵抗

第II編 Section 7 では主として，大きさをもった物体の，流体中での運動が議論される。特に命題34の注釈は興味深い。まず命題34のほうから紹介しよう。

命題34

　等しい直径をもつ球と円柱が，希薄な媒質中を運動するとき，球が受ける抵抗力は円柱が受ける抵抗の半分である（ただし，円柱は底面の方向に動くとする）。

希薄な媒質と限定されているが，媒質を構成する粒子が，

互いには力を及ぼさずに独立に分布していると考えてよいという意味である。物体はそれらの粒子を押しのけながら動くので抵抗力を受ける。粒子間の力は考えないので、物体の動きに乱されて媒質内に渦ができることもなく、媒質には粘性もない。単に、物体と粒子の衝突のことだけを考えればよい。また、現代風の気体のイメージのように、粒子が動き回っているとは考えていない。粒子は静止しているとする。ただ、自由に動き回っていると考えてもニュートンの結論は変わらないだろう。

ただしニュートンがこの命題を証明する際には、物体のほうを基準にし、静止している物体に、粒子が一定の速度でぶつかってくると考えている（物体と粒子の動きは相対的なものだから、そう考えても受ける力は同じはずである）。直径が同じ球と円柱を比較するので、動く粒子から見たときの物体の広がり（どちらも円形）は同じである。しかし円柱の場合は正面衝突だが、球の場合、粒子は斜め方向に跳ね返るので、受ける衝撃は小さい（図 13 - 3）。跳ね返る方向は場所

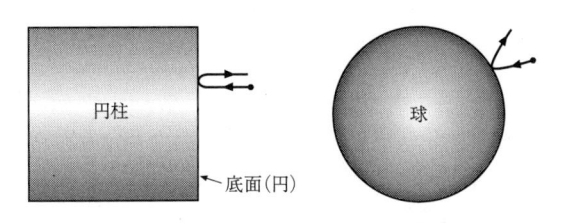

図 13-3 球では粒子は斜めに跳ね返る

によって違うので抵抗力も場所によって異なる。したがって抵抗力全体を求めるには、現代風では積分の計算をしなければならない。その積分をニュートンは放物面体（放物線をそ

の軸のまわりに回転させてできる立体）の体積と関係付け，円柱と放物面体の体積の比率が2：1なので命題が証明される，としている（詳細は省略）。

この命題には注釈が付いている。1ページほどの注釈だが，きわめて重要な幾つかの結論が，まったく説明なしに書かれている。最初は，受ける抵抗を最小にする円錐台の形を求める問題である。円錐台とは，円錐の頂点の部分を，底面に平行な平面で切り取った立体であり，それを，頂点があった方向に動かすときの抵抗を考える（図13-4）。

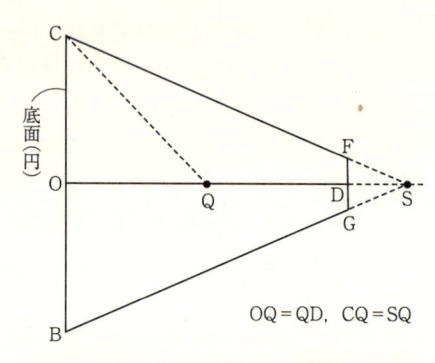

OQ = QD, CQ = SQ

図13-4 横にした円錐台

──問題──

底面 COB の面積と長さ OD が決まっている円錐台を考える。切り取った部分の断面の大きさはさまざまなものが考えられるが，（頂点があった方向に動かすときの）抵抗を最小にするものを求めよ。

解答 円錐台を横にして，COB を大きいほうの底面，OD を，決まっている高さとする。OD の中点を Q とし

て，CQ = SQ となるように点 S を取り，それを頂点とする円錐を D のところで切り取った立体 COBGDF が，求める円錐台である。

プリンキピアには解答だけ書かれていて何も証明はないが，円柱と球の抵抗の比較のときと同様の積分計算で答えを求めることができる。頂点 S の角度を θ とし，θ の関数として抵抗を求め，それが最小になるような θ を求めればよい。関数が最小となる位置は，微分を使えば簡単に求められる。

ところで，上の問題で，底面の半径 OC は一定にしたまま高さ OD をゼロに近づけたらどうなるだろうか。平べったい円錐台である。Q は O に近づき CO = OS となるから，頂点の角度の半分 $\angle$OSC は 45° に近づく。この結果は次の問題で使う。

---問題---

ある軸を中心として回転対称な物体を，軸の方向に動かす。そのときの抵抗を最小にする物体の形を求めよ（ただし上記の問題と同様に，底面 DAE の面積と，そこから先端 B までの長さは固定されているものとする）。

解答 この物体の断面は図 13 – 5 に描かれているような形になる。軸は AB であり，G での接線は 45° である。B から，ある長さだけ離れた M での断面の大きさ（半

径）MN は，N での接線に平行な G を通る直線と軸との交点を R としたとき，

$$MN = \frac{GR^4}{4BR \cdot BG^2}$$

という関係を満たす。

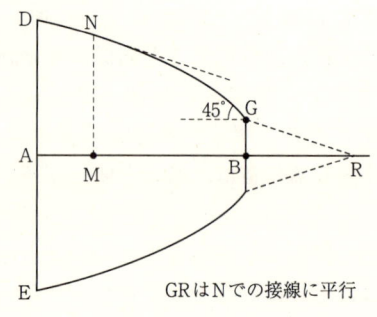

図 13-5　抵抗が最小の回転対称な物体の形

GR は N での接線に平行

　図 13-5 の曲線は先端部分が平らになっており，抵抗を減らす形として知られている流線形とはかなり異なる。実際，物体が空気の中を動くときの渦の発生を考えれば，図のような，角 G がある，滑らかではない形は不利になるのだが，この問題での抵抗は物体と粒子の衝突による衝撃しか考えていないので，答えがこのようになる。先端が尖っていないことに注意。長さは決まっているので，先端を尖らせることは側面の傾きを大きくすることを意味し，抵抗が大きくなる。G での傾きが 45°（G での角度は 135°）というのは，この物体の先端が前問の，無限に薄い円錐台と同じ形になっていることを意味する。

第13章　第Ⅱ編 Section 1～9　抵抗を及ぼす媒質内での物体の運動

　この問題の解答についても，プリンキピアにはまったく説明はない。しかし後に，グレゴリーという人に出した手紙の中に証明が書かれており，それにより彼は，18世紀中ごろになって登場した「変分法」という考え方を，すでに17世紀末に使っていたことがわかる。変分法とは，ある条件を満たす一連の曲線あるいは曲面の中から，なんらかの量を最大あるいは最小にするものを探し出す方法である。ある関数を最小あるいは最大にする変数の値を探すのに使われるのが微分だが，それを拡張した考え方である（変分法の簡単な紹介は「はじめに」の文献「大上・和田」参照）。

　このSection 7の後半では，球状の物体を流体の中で落下させるという問題が扱われる。その運動は基本的には，第Ⅱ編の最初に求めた方法（速度に比例する抵抗力のもとでの運動）で計算することができるが，物体の大きさや容器の大きさの影響も議論される。そして彼は実際に，ロウの中に鉛を封入した球を水中で落下させるという実験を行い，理論値と実験値はほぼ一致するとの結論を得ている。

　また，ガリレオにならったわけではないだろうが，ロンドンのセント・ポール寺院の頂上から2つのガラス球を落とすという実験も行っている。2つのうち一方は空洞，一方は水銀が詰められた。ピサの斜塔の実験（とされるもの）と違うのは，それらが同時に落下することを示すのが目的ではなく，落下時間は実際には異なることを示すことであった（ほぼ4秒と8秒）。そして実験結果から，空気の抵抗の大きさを求め，水中の場合と比較して，球が受ける抵抗は媒質の密度にほぼ比例することを確かめている（セント・ポール寺院

261

の実験は，ニュートンがロンドンに移った後，1710 年に行われた。この実験の記述はプリンキピア第 2 版で付け加えられたものである)。

そしてこの Section の最後では，惑星や彗星の運動がなんらの抵抗を受けているようにも見えないことから，宇宙空間にはきわめて希薄な蒸気と光しか存在しないに違いないと結論づける。

5．波動

第 II 編 Section 8 では波，特に水の波と音波の速度という問題が扱われる。どちらも，どのように議論すべきかも明確になっていなかった時代の先駆的な仕事である。ごく簡単に紹介する。

ここで扱われている水の波は，波長に比べて水深が浅い場合の波に対応する。まず準備として，図 13-6 のような，管

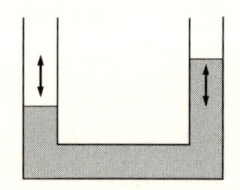

図 13-6 管の中の水の上下動

に入った水の振動を議論する。そして振動の周期は，水管（水が入っている部分）の長さの半分の振り子の周期に等しいことを示す。次に水の波の山と谷 1 つずつのセットを，この管における水の上下に対応させて，振動の周期，そして波の速度を求める。速度 $= \sqrt{g \times 水深}$ となるが（g は重力加速度），これは正しい結果である。

音は，弾性流体としての空気の振動であるとみなす。弾性流体とは，圧力の変化に比例して収縮・膨張する流体のことで，ボイルの法則にしたがい，圧力と体積が反比例することが仮定される。議論は，現在なされている論理と本質的に同じであり，ニュートンは，

$$音速 = \sqrt{\frac{圧力}{密度}}$$

という結果を得た。ところがこの式を計算すると（摂氏0度，1気圧）で約280 m/秒となり，現実の空気の音速約330 m/秒とやや異なる。

じつは，音速の精密な決定はプリンキピアの第1版出版（1687年）から第2版出版（1713年）の間になされたことであり，ニュートンは第2版出版のときに悩まなければならなかった。そして第2版には，空気を構成する粒子の大きさが粒子間の間隔と比べて無視できなければ，力の伝達が速くなるので音速が増えるとか，水蒸気が混在していて，水蒸気の粒子は静止したままならば，音速は速くなるなどとの注釈を付け加えた。

この問題は1816年にラプラスにより解決された。ニュートンはボイルの法則を使って，音波の中で空気が圧縮・膨張するとき，$\frac{密度}{圧力} = 一定$という式を使った。しかしボイルの法則は，温度が変化しない場合の関係式である。音波の中での圧力や密度の変化は速く起こるので熱が移動する時間がなく，圧縮したときは温度は上がる（膨張したときは下がる）。そのことを考慮した正しい式は，$\frac{密度}{圧力^\gamma} = 一定$という形に

なる。γ とは気体によって異なる定数だが、空気の場合には約 1.4 である。そしてこの式を使ってニュートンと同じ計算をすれば、

$$音速 = \sqrt{\gamma \frac{圧力}{密度}}$$

となり、正しい結果が得られる。ニュートンの時代にはまだ、熱という概念が明確になっていなかったので、彼はこのことには気づけなかった。しかし音波という現象に対して初めて正しい見方を提示したのがニュートンであることに変わりはない。

6. 渦

　第II編の最後は渦の話である。流体の中に（無限の長さの）円柱を入れ、その軸を中心として一定の速さで回転させ続けたとする。もし流体に粘性があるとすれば、周囲の流体もその回転に引きずられて回り始めるだろう。つまり渦ができる。その回転の速度はどうなるだろうか（図 13-7）。

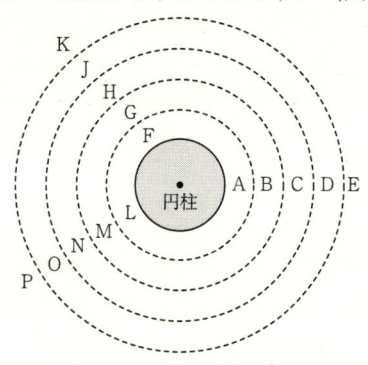

図 13-7　円柱を取り巻く流体の同心円筒への分割

第13章　第Ⅱ編 Section 1〜9　抵抗を及ぼす媒質内での物体の運動

　回転の大きさを表すには，速度と回転速度（角速度）という2つの概念を区別しなければならない。速度とは，動いている物質（流体）の各部分の速度である。一方，角速度とは，回転の中心から見たときの方向の変化（角度の変化率）である。角速度が同じならば，遠方のほうが速度は速い。

　　　速度 ∝ 角速度 × 半径　　　　　　　　　　　　（＊）

という関係がある（角速度をラジアンで表した場合には両辺は等しい）。

　この問題に答えるには，内側の回転がどのように外側に伝わるかについて，仮定をしなければならない。ニュートンは，接触している部分にずれが生じるとき，その「ずれの速度に比例する抵抗力が働く」と仮定する。

　図13-7で，円柱のまわりの流体を同心円（正確には，厚さをもった同心の円筒）で分割しよう。たとえばBGMという部分は，内側のAFLと外側のCHNという円筒にはさまれている。円柱が左回りに回っていれば外側の流体も左回りに回るだろうが，それぞれ角速度は異なるから，同じように回転しているわけではない（もし角速度が同じだったら，半径が無限に大きくなると，（＊）より速度が無限大になってしまう）。

　内側のほうが速く（大きな角速度で）回転するので，BGMはAFLから左向きの抵抗力を受ける。またCHNからは右向きの抵抗力を受ける。一定の速度で動いている状況では，この2つの力は釣り合っているはずである。そして釣り合いの条件からニュートンは，「角速度は半径に反比例する」と結論づける（証明は省略）。

265

次にニュートンは，中心にある物体が球の場合に同じ計算をする。そして，球が一定の速度で回転しており，その周囲の流体がそれに引きずられて渦巻く場合，その回転の角速度は「半径の2乗に反比例する」と結論づける。

　中心の球を太陽とし，その自転により周囲の宇宙空間に充満する物質に渦が発生して惑星が動くというモデルを考えれば，これはまさにデカルトの渦動説である（36ページ）。そしてニュートンは，この結論はケプラーの第3法則とは矛盾した結果であると指摘する（円運動ならば周期は角速度の逆数に比例するので，ケプラーの第3法則は「角速度は半径の$\frac{3}{2}$乗に反比例する」と言い換えることができる）。もちろん，抵抗力に関する「ずれの速度に比例する抵抗力が働く」というニュートンの最初の仮定を適当に変えれば$\frac{3}{2}$乗という結論を出すことも不可能ではないが，それはもっともらしくないとニュートンは議論する。ニュートンはさらにここでの流体モデルを使って，渦動説がもっともらしくない別の側面も指摘しているが，我々にとっては渦動説はすでに消え去った理論なので，これ以上の紹介はやめておこう。しかしニュートンの時代には，万有引力説に反対する最も有力な理論が，デカルトの渦動説だったのである。

第14章　第Ⅲ編命題18以降

1. 地球の形（命題 18 〜 20）

　天体の形が完全な球であったら，第Ⅰ編 Section 12（本書第 11 章）で示されているように，その間に働く重力の性質は簡単になる。しかし実際には地球や惑星は完全な球形ではない。たとえば地球の場合，両極間の距離は赤道の直径よりも $\frac{1}{300}$ 程度（約 40 km）短い。つまりわずかに扁平である。自転をしているので，遠心力のために横方向（赤道方向）にふくらむためだと考えられる。

　ニュートンが生きていた時代には，地球のそのような形状はまだわかっていなかった。しかし当時，地球の大きさを精密に測ること，地球の形状を正確に知ることは強い関心を引いていた。フランスのモーペルチュイという人物が極地探検をして地球が扁平であることを明らかにしたのは 1736 年のことであった（ニュートンの没年は 1727 年）。

　地球の形状を明らかにするのはニュートンにとっても重要なことであった。万有引力という考え方に反対する人々（主にデカルトの影響を受けたフランスの学者たち）は，地球は宇宙空間に充満する，目に見えないものに押されて太陽のまわりを回っていると主張していた。横から押されているとすれば，地球は縦長になるだろう。しかし万有引力で考えればそうはならない。むしろ地球の自転のため遠心力が働いて赤道方向にふくらみ，全体としては扁平になる。ニュートンは

自分の重力理論を使って，どの程度扁平になるか計算した。また，扁平になった結果として，地表上の重力が場所によってどの程度変化するかも求めた。それが第Ⅲ編の命題18から命題20である。ここではそれを紹介していこう。

---命題18---
惑星は自転軸方向につぶれた扁平な形をしている。

解説 もし惑星が自転をしていなかったら，各部分の重力が釣り合うように形が決まるので，惑星は完全な球形になるだろう。しかし自転をしていると遠心力のために赤道の周辺が盛り上がるはずである。実際，木星では両極間の距離が東西方向の大きさよりも短いことが見出されているとニュートンは述べる。（終）

次の命題では，実際にどれだけ扁平になるかを計算する。その議論はかなり長い。

---命題19---
惑星の自転軸の長さと，それに垂直方向の直径との比率を求める。

解説 まずニュートンの計算の方針を説明しよう。惑星を限定する必要はないが，地球であるとして説明しているので，ここでもそうすることにする。図14-1のAPBQが地球であるとする。PとQが極である。プリンキピアの図ではPQが横方向に描かれているが，ここでは現代流に両極を上下に

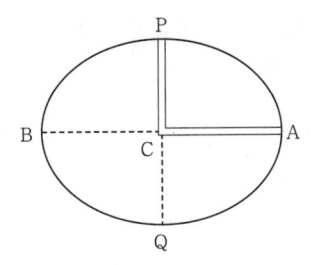

図 14-1　水の管PCとACの中心Cでの釣り合い

した。

　PQ は AB よりも短い。APBQ は楕円であり，この楕円を PQ を軸（地軸）として 1 回転したものが地球であるとする。次に，北極 P から中心 C まで穴を掘り，C からは赤道方向に A まで穴を通じさせたとする。このようにしてできた管に水を満たすと，これは中心 C で釣り合っているはずである（わかりやすいように水の管としているが，地球を構成している各部分の岩石が，重力と互いの圧力により釣り合いの状態にあるといっても同じである）。釣り合いの条件を考えることで AC と PC の長さの比を求めよう。

　釣り合いには 3 つの要素を考えなければならない。要素 1 と 2 は APBQ が円ではないことの影響である。

要素 1：AC 上と PC 上にある水に働く重力の違い（ここで重力という場合，遠心力は含まない）。

要素 2：AC と PC の長さが違うことによる水の総質量の違い。

要素 3：AC 方向にのみ遠心力が働くこと。

　要素 1 から始めよう。これが最も難しい。

　地表上である A（赤道）と P（極）での重力を比較する。

以下の3つの段階に分けて考える。ただし最初は, 仮に,

$$\frac{\mathrm{AC}}{\mathrm{PC}} = \frac{101}{100}$$

であったとしたら重力がどれだけ違うかを考える。

第1段階：長さPCを半径とする, 地球に内接する球（S1と呼ぶ）を考え, その球面上の重力と, APBQの場合のPでの重力を比較する（図14-2のa）。同じPでもAPBQの

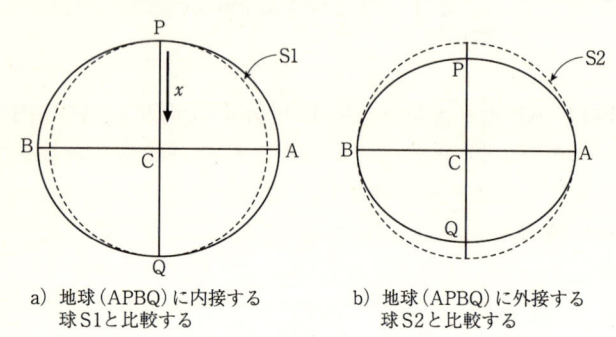

a) 地球(APBQ)に内接する　　b) 地球(APBQ)に外接する
　　球S1と比較する　　　　　　　球S2と比較する

図14-2

場合のほうが, 大きい分だけ重力も大きい。具体的には, 回転楕円体と, それに接する球の, 回転軸上での重力の比率を与える第Ⅰ編命題91系2（235ページ）の結果が使える。この定理を使えば（上記のように $\frac{\mathrm{AC}}{\mathrm{PC}} = \frac{101}{100}$ としたとき），

$$\frac{\text{Pでの重力}}{\text{S1上での重力}} = \frac{126}{125}$$

となる（注参照）。

[注] ニュートンはいきなりこの結果を示しているが, これを求めるには多少の計算が必要である。以下を読むのに

は必要ないが，計算手順を示しておこう。

出発点は第Ⅰ編命題91系2の式（＊）である（237ページ）。ただし使われている記号が少し違うので注意が必要。まず，命題91のAB方向（回転軸方向）がここではPQ方向。xは図12-4ではPからQ方向への距離となる。また，今問題にしているのは表面上の重力だから，系2のPは（図12-4）表面の点Aに一致する（したがって $a = c$）。したがって系2の式（＊）は，その下の式（＊＊）と，$a = c$，AB（系2の図12-4で）$= 2a$ であることも使って，

$$(*) = 2a - \sqrt{1-e^2} \int \frac{x}{\sqrt{X}}\, dx$$

ただし，

$$X = 2ax - e^2 x^2$$

である。またここでは，

$$e^2 = 1 - \left(\frac{\mathrm{PC}}{\mathrm{AC}}\right)^2 \fallingdotseq \frac{2}{100}$$

である。これが小さい数であることを使って近似をすると，

$$\frac{1}{\sqrt{1 - \frac{e^2 x}{2a}}} \fallingdotseq 1 + \frac{e^2 x}{4a}$$

なので，

$$\frac{x}{\sqrt{X}} \fallingdotseq \sqrt{\frac{x}{2a}} + \left(\frac{e^2}{2}\right) \cdot \left(\frac{x}{2a}\right)^{\frac{3}{2}}$$

と書くことができ，これを使えば上式（＊）のxについての積分（$0 < x < 2a$）は容易にできる。また，

$$\sqrt{1-e^2} \fallingdotseq 1 - \frac{e^2}{2}$$

と近似できることも使えば，結局,

$$(*) \fallingdotseq \left(\frac{2a}{3}\right) \cdot \left(1 + \frac{2}{5}e^2\right)$$

となる。一方，球 S1 の場合は上式で PC = AC，すなわち $e = 0$ とすればよい。結局，重力の比率は,

$$1 + \frac{2}{5}e^2 \fallingdotseq 1 + \frac{4}{500} = \frac{126}{125}$$

となり，求める結果が得られた。

第 2 段階：次に，赤道で接する球 S2 の表面上での重力と，地球の赤道上での重力を比較する（図 14-2 の b）。これは第 I 編命題 91 系 2（235 ページ）を使って直接比較することはできない。回転楕円体の軸は赤道を通らないからである。そこで，図 14-2b の楕円を AB を軸として 1 回転させて作った回転楕円体（E2 と呼ぶ）を考える。これは地球とは違う。地球は PQ を軸として 1 回転させたもので，南北につぶれた形（扁平）である。PQ 方向だけが縮んでいる。一方 E2 は球 S2 を，AB に直角な 2 方向とも縮めたもので，逆に考えれば AB 方向だけが伸びており扁長という。そして，第 1 段階と同様な計算を行うことにより,

$$\frac{\text{S2 上での重力}}{\text{E2 の A での重力}} = \frac{126}{125}$$

S2 を，AB に直角な 2 方向とも縮めてしまったのが E2 だが，実際の地球は PQ 方向だけ縮めたものである。そこでニュートンは，2 方向とも縮めたときの重力の減少が 126 から

125 だとすれば,片方だけ縮めたときの重力の減少はその半分であり,

$$\frac{\text{S2 上での重力}}{\text{(地球での)A での重力}} = \frac{126}{125.5}$$

であるとする(プリンキピアにはこれ以上のことは書かれていないので,ニュートンがどれだけ厳密に考えていたかはわからないが,この結論は正しい)。

第 3 段階:最後に,S1 と S2 の表面上の重力を比較する。どちらも球なので比較は容易である。第 I 編命題 72(219 ページ)で扱われた問題だが,球の全質量は半径の 3 乗に比例するが,力は距離の 2 乗に反比例するので,結局,表面上の重力は球の半径に比例し,

$$\frac{\text{S1 上での重力}}{\text{S2 上での重力}} = \frac{100}{101}$$

以上の 3 段階の結論をすべて掛け合わせることにより,地球上の極と赤道上での重力の比として,

$$\frac{\text{極(P)での重力}}{\text{赤道(A)での重力}}$$

$$= \frac{\text{極での重力}}{\text{S1 上での重力}} \times \frac{\text{S1 上での重力}}{\text{S2 上での重力}}$$

$$\times \frac{\text{S2 上での重力}}{\text{赤道での重力}}$$

$$= \frac{126}{125} \times \frac{100}{101} \times \frac{126}{125.5} \fallingdotseq 1.002 \left(= \frac{501}{500} \right)$$

となる。長くかかったが,これで要素 1 の議論が終わった。

極のほうが1％短い場合,極のほうの重力が0.2％大きいことがわかった。

次に要素2を考える。これは数行で終わる。水管PCとACを,どちらも等間隔に,同じ数に細分化しよう。全体の長さの比は100:101なので,対応する各部分の長さの比も同じ,そして各部分の質量比も100:101となる。また物体内部での重力は,中心を通る線上では中心からの距離に比例する(第Ⅰ編命題91系3, 240ページ)ので,対応する各部分での単位質量あたりの重力比はどこでも同じ,つまり501:500である。したがって,水管全体にかかる重力の比は(質量比 $\frac{100}{101}$ 〈要素2〉に,単位質量あたりの重力比 $\frac{501}{500}$ 〈要素1〉を掛けて) $\frac{501}{505}$ ($\fallingdotseq 0.992$) と求まる。つまり0.8％ほど異なる。

すなわち重力だけを考えると,図14-1のCではA方向(赤道方向)からかかる圧力のほうが大きいが,もしそれが遠心力(要素3)によって打ち消されれば,水はCで釣り合うことになる。

そこで赤道上の遠心力を考えてみよう。第Ⅰ編命題4(125ページ)あるいはその別証明より,単位質量あたりの遠心力は(向心力と逆方向で大きさが等しく),

$$\frac{速度^2}{半径} = \frac{\left(\frac{2\pi \times 半径}{周期}\right)^2}{半径}$$

である。周期 = 24時間,地球の半径 = 6380 kmとして計算

し，単位質量あたりの重力 9.8 m/s² と比較すれば，赤道上で，

　　　　重力：遠心力 ≒ 9.8：0.0337 ≒ 1：0.0034

となる。遠心力も半径に比例するので，この比率は地球内部でも変わらない。

　遠心力で重力の 0.8％を打ち消さなければならないのに，実際の遠心力は 0.34％しかない。つまり赤道方向が南北方向に比べて 1％大きいと仮定すると 2.4 倍ほど重力差が大きくなりすぎる。したがって，地球の赤道方向と南北方向の大きさは，これまで仮定してきたように 1％違うのではなく 0.4％（＝1％÷2.4）ほどしか違わない，という結論が出る。この値は，この章の冒頭にあげた現在の観測値（約 $\frac{1}{300}$）とそれほど違わない。（終）

　すでに述べたように，ニュートンの生前には地球の扁平度はわかっていなかった。しかし木星については観測値があった。命題 18 の最後に，木星についてのニュートンの分析があるので，それを簡単に紹介しておこう。

　木星の扁平率（極方向と赤道方向の半径の差の，赤道方向の半径に対する比率）は，観測によれば $\frac{1}{12}$ 程度でかなり大きい。それは 2 つの理由で説明できる（天体内部では重力も遠心力も中心からの距離に比例するので，地球程度の大きさの木星中心部と地球を比較して考えればよい）。

1．木星の自転周期は約 10 時間で，かなり短い。遠心力は自転周期の 2 乗に反比例するので，遠心力は地球よりも木星

のほうが6倍ほど大きい。

2．木星は構成物質の密度が4分の1程度しかなく（66ページ参照），したがって中心から同一距離では，重力は地球の4分の1しかない。

この2つの効果を考えると，その扁平率は，地球の扁平率の理論値0.4％の24倍で約10％となる。これは木星の観測値をほぼ説明する。木星の内部で物質密度が一様でない（赤道方向に比較的重いものが集まっている）とすれば，さらに観測値との一致はよくなる，とも指摘している。

天体が完全な球ならば，その表面上の重力はどこでも同じである（自転による遠心力は別として）。しかしもし地球が扁平だとすれば緯度によって重力が異なり，そのため，たとえば振り子時計は場所によって進み方が変わる。もし重力が場所によって0.4％異なるとすると，振り子の周期は重力の平方根に比例するので0.2％変わり（$\sqrt{1.004} \fallingdotseq 1.002$），これは1日にすれば3分近いずれに相当する。実際，たとえばパリと赤道付近では振り子時計の進み方が2～4分違うことがニュートンの時代にすでに指摘されており，緯度による重力の違いは現実的に重要な問題であった。この問題をニュートンは次のように解析する。

命題 20

　地表上での緯度の違いによる重力の変化を求める（この命題では，重力に遠心力の効果も含めている）。

解説 命題19と同様に釣り合いの問題として考える。たとえ

ば北極と赤道を比較してみよう。地球の中心から北極までの円柱部分と,地球の中心から赤道までの(断面の等しい)円柱部分を比べる。まずどちらも N 等分する。中心から表面までの距離が,赤道までのほうが k 倍長いとすれば ($k > 1$),分割された対応する各部分の質量比も k である(地球を構成する物質はどこでも一様であると仮定されている)。しかし2つの円柱は地球の中心で釣り合っているのだから,全体の重さは等しくなければならない。また,重力は中心からの距離に比例するので,対応する各部分の重さも等しくなければならない。しかし質量は赤道方向のほうが k 倍なのだから,重力は $\frac{1}{k}$ でなければならない(重さ = 質量 × 重力の大きさ〈重力加速度〉)。これは対応する各部分に対して成り立つ関係なので,表面どうしに対しても成り立つ。つまり表面での重力は地球の中心からの距離に反比例する。この釣り合いの議論は地球のどちらの方向を考えても成り立つので,地表の各緯度での重力は,その位置の,「地球の中心からの距離に反比例する」,という結論になる。

実際の重力の変化を求めるために,地球を縦に切った断面(地球の中心と両極を含む断面)が楕円だとしよう。すると,緯度 θ での重力と赤道 ($\theta = 0$) での重力との差は $\sin^2\theta$ に比例することになるとニュートンは述べるが,その証明は書いていない。ただ,楕円の式を使えばそれほど難しい話ではないので,簡単に説明しておこう。

地球の断面(楕円)の式を,
$$\frac{x^2}{a^2} + \frac{y^2}{b^2} = 1$$

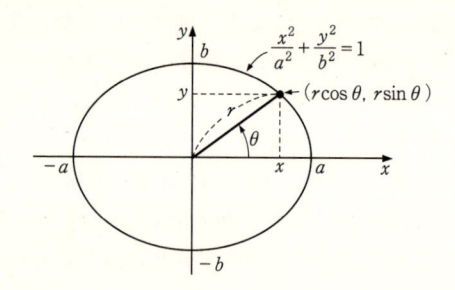

図 14-3　緯度の違いによる重力の変化の考え方

とする（図14-3）。a は赤道方向の半径，b は極方向の半径である。これまで e と書いてきた，楕円のゆがみの程度を表す量（離心率）は，

$$e^2 = 1 - \frac{b^2}{a^2}$$

ゆがみは非常に小さい，つまり e はゼロに近い量だと仮定して計算を進める（そのときは $\frac{a^2}{b^2} \fallingdotseq 1 + e^2$）。緯度 θ での地表の，地球の中心からの距離を r としよう。r は，上の楕円の式に $x = r\cos\theta$，$y = r\sin\theta$ を代入すれば求まり，e が小さいとすれば少しの計算の後（272ページの平方根の近似式と同様な式も使う），

$$\frac{1}{r} \fallingdotseq \left(\frac{1}{a}\right) \cdot \left(1 + \frac{e^2 \cdot \sin^2\theta}{2}\right) \quad (*)$$

という式が求まる。

　緯度 θ での重力と赤道での重力の差は半径の逆数の差，

$$\frac{1}{r} - \frac{1}{a}$$

に比例することが前々ページの結論だったが,これに(*)を代入すれば,$\sin^2\theta$に比例することがわかる。ニュートンはその当時知られていた,時計に関するいくつかのデータをこの式と比べたが,データ自体がそれほど正確なものではなかったので,はっきりとした結論は出ていない。

2. 潮汐の理論(命題24,命題36,命題37)

第Ⅲ編の後半でもうひとつ重要な結果は潮汐の話である。潮の満ち干が月や太陽と関係があるらしいことは,すでに多くの人が感じていたようである。しかし何か神秘な力が月から地球に及んでいるらしいといったレベル以上には,議論が進んでいなかった。ニュートンは,惑星を動かしている万有引力という作用によって,潮汐という現象も説明できることを示した。

彼の考え方の基本はすでに,第Ⅰ編命題66に示されている。この命題で主として,地球のまわりを回る月の運動に対する,太陽の影響を考えた。この場合の月を地球上の海水とみなし,太陽を月とみなすことが潮汐理論の出発点となる。

特に命題66の系7(202ページ)およびその後で行った説明が重要である。そこでは,月と地球に働く太陽の力の差が議論された。月が,太陽と地球を結ぶ線上にある場合(AとB),月が地球のどちら側にあっても,力の差は,月を地球から遠ざけるように働く(図14-4のa)。一方,月が図のCやDにある場合には,力の差は月を地球に近づけるように働く。ここで,月を海水に置き換え,太陽を月に置き換えてみよう。単純に考えれば,図14-4のbのようになると想像できるだろう。地球の月側とその反対側では海面は地

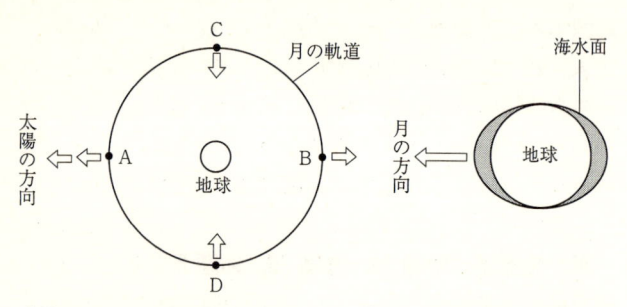

a) 太陽による，月の軌道に働く力
（A, Bでは外向き，C, Dでは内向き）

b) 海水面は月の方向およびその逆方向で膨らむ

図 14-4　太陽による力と月による潮汐

球から離れる，つまり満潮となり，地球の側面では海面は下がり干潮となる。地球は1日1回転の自転をしているので，地球上に固定された1点で考えれば，満潮と干潮が1日に2回ずつ起こることになる。

　ニュートンの考え方も，基本的にはこのようなものであった。じつは，海水の場合，天体とは違って地球上に乗っかっているので，地球から受ける重力も考えなければならず，ニュートンはそのことを見逃していることが後に指摘された。そのため，ニュートンの計算には不完全な部分があることがわかったのだが，潮汐が起こるメカニズム，そしてそれが1日に2回ずつ起こることなど，基本的な部分は間違いではない。初めて潮汐に対する科学的な説明が誕生したのである。なお，実際には満潮は月側およびその反対側で起きているわけではなく，場所によって異なるが数時間の遅れがある。それは地形上の障害および水の粘性のため，海水が自由に動けず反応が遅れるためである。

ところで，月ばかりでなく太陽も，海水に対して同様の影響を及ぼす。比較をしてみよう。これらの天体が地球に及ぼす力と海水に及ぼす力の差が潮汐の原因だが，これを潮汐力と呼ぶことにしよう。第Ⅰ編命題66系7（202ページ）の下の説明からわかるように，潮汐力は距離（命題66ではST）の3乗に反比例し，万有引力の大きさに比例する。すなわち，1つの天体（月あるいは太陽）による潮汐力は，

$$\text{潮汐力} \propto \frac{\text{その天体の質量}}{\text{その天体までの距離}^3}$$

である。したがって月と太陽を比べると，

$$\frac{\text{月の潮汐力}}{\text{太陽の潮汐力}}$$

$$= \frac{\text{月の質量}}{\text{太陽の質量}} \times \left(\frac{\text{太陽までの距離}}{\text{月までの距離}}\right)^3$$

である。質量は太陽のほうが圧倒的に大きいが距離も太陽のほうが圧倒的に大きい。

月と太陽と地球がほぼ一直線上にあるとき（月が新月または満月のとき），2つの潮汐力の効果が一致し，いわゆる大潮となる。一方，月が半月のときは効果が打ち消しあうように働くので小潮となる。ニュートンは，イギリスのブリストル付近での実際の観察値より，

$$\frac{\text{大潮の大きさ}}{\text{小潮の大きさ}}$$

$$= \frac{\text{月の潮汐力} + \text{太陽の潮汐力}}{\text{月の潮汐力} - \text{太陽の潮汐力}}$$

$$= \frac{9}{5}$$

とした。これによれば，

$$\frac{月の潮汐力}{太陽の潮汐力} = \frac{7}{2} = 3.5$$

であるが，彼はさらに月と太陽の方向のずれ，月の軌道の円からのずれなどの補正をして，

$$\frac{月の潮汐力}{太陽の潮汐力} = 4.5$$

としている（現在の知識によれば右辺は 2.23）。そして $\dfrac{太陽までの距離}{月までの距離}$ の観測値を使って命題37系4（第Ⅲ編）で，

$$月の質量：地球の質量 ≒ 1：40$$

としている（66ページで求めた「地球の質量：太陽の質量」の値を使った）。これは，現在知られている値 1：81 とは 2 倍ほど異なるが，かなりいい値だと言っていいだろう。

3．その他

　第Ⅲ編には命題が全部で 45 個あり，系や補助定理とされるものもたくさんあるが，その紹介はこのあたりで終わりにする。扱われているテーマだけ列記しておくと，
(1)地球や月の自転軸の動き
(2)月の楕円軌道からのずれ，面積速度の変化
(3)月の軌道面と地球の公転の軌道面の傾きの動き，そしてその交差点の動き
(4)彗星の軌道計算
が主なところである。どれも現代の非常に専門的な天体力学の教科書で扱われている複雑な問題であり，専門家でなけれ

ば（もし物理を専攻した人だとしても）これらを理解するのは容易なことではない。これらをニュートンが短期間のうちに一人でなしとげたのは驚異であるという月並みなコメントで，締め括らせていただく。ただし，すべてが終わった後に付けられたニュートンの最後の注釈については，次の章で紹介することにする。

第15章 終わりに

　解説し切れなかった部分も多いが，このあたりでまとめに入る。まずニュートン自身による総括を紹介し，その後で，ニュートン以降の人々による展開について議論する。

　プリンキピアには最後に，「一般的注釈」(GENERAL SCHOLIUM) という表題の文が付けられている。重力に関するニュートンの総括だが，現代人から見るとかなり意外なことが記されている。あらすじをたどりながら解説していこう（プリンキピア第3版に基づく）。
　一般的注釈は，渦動説に対する批判から始まる。渦の運動によってケプラーの第2法則を説明しようとすれば，渦の各部分の周期は太陽からの距離の2乗に比例しなければならないが，第3法則を説明しようとすれば，周期は太陽からの距離の $\frac{3}{2}$ 乗に比例しなければならない。いずれの周期を取るにしろ，それらは太陽や惑星の自転の周期とも一致せず，彗星の運動もまったく説明できないと主張する。
　ニュートンがプリンキピアの出版によって戦わなければならなかった相手が，デカルトの影響を受けた渦動論者であったことがわかる。宇宙空間に充満する渦動ではなく万有引力が惑星の運動を決めているというのがニュートンの主張であり，現代人の我々も納得している点である。
　しかしその後に，現代の科学者だったら決して書かないよ

うな話が続く。要約すると，「惑星はすべて太陽を中心とする円周に近い軌道上を同じ方向に運動しており，しかもそれらの円周はほぼ同じ平面上にある。それらの惑星の衛星の軌道も，ほぼ同じ平面上にあり，回転の方向もすべて同じである。……このような美しい体系は，英知と力を備えた神の考えと采配によって生じたものでしかありえない。……他の恒星も太陽系と似たような体系だとすれば，そのような無数の体系が，相互に衝突しないように宇宙に配置されているのも，神の意図によるものである」。

宇宙は神によって作られたということだが，神は単に宇宙を作っただけではないと，次のように続ける。

「神は主君としてすべてを統治する。……神は永遠に持続し存在する。存在することによって持続（時間）と空間を構成する。……神は仮想上の存在ではなく，実体的にも普遍的に存在する。……しかし神の存在からは物体は抵抗を受けない。我々は神を見ることも聞くことも触れることもできない。神の実体は知るよしもない」。そして，自然界のすべてのことは，神の意志から生じていると論じる。

なぜニュートンはここにこのようなことを書いたのだろうか。もちろん彼の宗教心の発露でもあるが，第一の理由はやはり，重力に関する論争と絡んでいる。次に続く段落を読んでみよう。

「我々は天空や海の現象を重力によって説明してきたが，この力の原因をまだ指定していない。……この力は太陽や惑星の内部まで減ることなく貫入するものであり，天体の表面にだけ作用するようなものではない。天体のすべての部分に，そして遠方の土星にまでも，距離の2乗に正確に反比例しな

がら作用する。……しかし私は重力のこれらの性質の原因を発見することはできなかった。そして私は仮説を作らない。……仮説は実験哲学において何らの位置を占めるものではない。この哲学では、命題が実際の諸現象から推論され、帰納によって一般化される。このようにして重力が発見され、それを一般化して天体や海の現象の説明に役だったのだから、(その原因について仮説を作らなくても) 十分である」

「私は仮説を作らない」という有名なニュートンの一説である。存在する証拠など何もない渦といったものなど持ち出さないという宣言である。渦動説に限らず、その創始者であるデカルトは、根拠のないものを持ち出して自然現象を説明しようとする傾向がかなりあったので、それに対する皮肉も含んでいたかもしれない。

　もちろん、渦動理論に執着し重力に反対する人々にも言い分はあった。媒介するものが何もないのに、作用が遠方まで到達するという重力の考え方の不自然さ（非科学性？）を問題にしたのである。実際、ニュートンも、媒介物が存在する可能性を検討した形跡もある。しかしそれはうまくいかず、最終的に出した結論がここに書かれているものであったと考えてよいだろう。ニュートンの考えをまとめれば、「重力が遠方まで伝わるのは、力を媒介する物質が存在するからではなく、神がいかなるときもいかなる場所にも存在するからである。しかし我々は決して神の実体について知ることはできない。ただ神が、重力は距離の2乗に反比例して作用するように、世界を支配し統率していることを知れば、我々にとってはそれで十分である」、ということになるだろう。

第15章 終わりに

　重力か渦動かという論争は，18世紀初頭には決着した。重要なきっかけは，地球が扁平であることが，モーペルチュイの極地まで出向いた測定によって明らかになったことである。第14章で説明したように，重力理論によれば，地球は完全な球状ではなく，やや扁平になるが，もし宇宙空間の渦によって横から押されて動いているのだとすれば，むしろ実際とは逆に縦長になるだろうと想定されるからである。

　といっても，ニュートンの言う「神が云々」という話が受け入れられたわけでもない。実際，重力が距離の2乗に反比例するとすれば，後は数学的な議論によってすべての結論が出せる。重力が伝わるのは神が関与するからだと言っても言わなくても，何も関係がない。

　実は，ニュートンが神を持ち出したのには別の理由もあった。惑星は太陽だけから重力を受ければ楕円運動をするが，他の惑星からも影響を受ける。その影響が積み重なれば，現在のような太陽系の整然とした姿はくずれてしまうはずだが，実際にはそのようなことが起こっていないのだから，神の介入があるはずだ，とニュートンは考えた。

　この問題に対する解答は，18世紀末にラプラスによって与えられた。彼はまず，各惑星の楕円軌道の長径は，他の惑星の影響によって増減するが，その変化は平均すればゼロになることを示した。つまり太陽系の姿は大きくは乱れないということである。さらに，2つの大きな惑星，木星と土星について実際に観測されていた楕円軌道からのずれが，この両惑星間の重力によって非常に正確に再現されることも示した。もしかしたら万有引力の法則の破れの結果かもしれないとされていた現象が逆に，万有引力の法則の精度のよい検証

となったのである。

　このような勝利の積み重ねによって，惑星の運動は神の介入なしに説明できることになり，遠隔作用としての重力が，その伝達機構については不問のまま，受け入れられることになった。現代になってからそれがどうなったかは，また後で説明することにしよう。

　重力の法則が，ニュートンの思いとは少し違った形で受け入れられるようになったという話をしたが，力学全体の受容も同様であった。実際，この本で紹介してきたプリンキピアの証明スタイルと，現在，我々が大学で学ぶ力学のスタイルとは大きく異なる。現代の力学では，力学の基本法則は運動方程式として，

　　　　質量 × 加速度 = 力

と書かれる。加速度とは速度の変化率，つまり速度の微分であり，速度は物体の位置座標の微分である。つまりこの式は微分方程式と呼ばれるものであり，この形で問題が与えられれば，軌道から微分によって力を求めることができ，また力から積分によって軌道を求めることもできる。

　一方，プリンキピアのスタイルは幾何学的なものであった。積分の発想が含まれているものもあったが，ごく少数である。ニュートンは微分積分の創始者でもあり，それも若い時代（ウールスソープの頃）のことだったので，ニュートンはまず微積分で問題を解き，その後，プリンキピアに書かれている幾何学的証明を考えたと想像した人もいる。実際，ニュートン自身も晩年，ライプニッツとの微積分発見の先取権争いの中で，そのように思わせる（もしかしたら意図的に思

わせようとした）発言をしている。しかしニュートンが残している多くの原稿を調べた結果，そのような想定には根拠がないことがわかっている。結局，ニュートンの成果を微積分の形に書き替えるのは，ニュートン以降の人に委ねられた仕事になった。

実際，そのような作業はすでに，1689年のライプニッツから始まっている。彼も，ケプラーの第1法則（楕円軌道）から，惑星に働く力は太陽からの距離の2乗に反比例することを導いているが，渦動説の影響なのか，「惑星は外側から太陽のほうに押しつけられている」という表現を使っている。彼は他にも，プリンキピア第II編の，抵抗を受けた物体の運動についても，微積分に基づく計算をした。その後，1710年頃までには，ヴァリニョン，ヘルマン，ベルヌーイといった人々により，基本的な質点の運動の問題に関する微積分の解法が完成している。

その後の18世紀の力学の整備および発展は，オイラー，ダランベール，ラグランジュ，ラプラスらによってなされた。それらは，20世紀に誕生する量子力学へのつながりという意味でも重要だが，プリンキピアを紹介するという本書の範囲外の話である。ただ，すでに第4章の最後で説明したように，その文脈の中で，運動の3法則と呼ばれるものの意味も変わったことは再度，指摘しておこう。

最後に，20世紀になってからの重力理論の発展についてコメントしておこう。1916年に発表されたアインシュタインの一般相対性理論は重力を，時間と空間（まとめて時空）のゆがみの結果として説明するものだった。時空の各点にお

けるゆがみを表す量を,重力場と呼ぶ。物体(たとえば天体)があると,その周囲に重力場が生じ,それが遠方まで広がって,遠方にある別の物体に影響を及ぼす。それが重力という現象だと考えるのである。電荷どうしが,時空に広がる電場によって力を及ぼし合うのと類似のメカニズムである。

電場にしろ重力場にしろ,場とは物質ではなく時空各点の「性質」である。したがってこれは,物質によって力が伝わるという従来の近接作用説ではないが,離れた地点にいきなり力が働くという遠隔作用説でもない。しかし影響が時空を少しずつ伝わっていくという意味では,近接作用的な理論である。

一般相対性理論の登場によってニュートンの万有引力理論が否定されたと言う人もいるが,その言い方は適切ではない。むしろ,一般相対性理論により,万有引力がなぜ遠方に伝わるのかが説明されたと言うべきである。重力がそれほど強くなく,それまでニュートンの理論が成功してきた状況では一般相対性理論は万有引力の法則(逆二乗則)を再現する。たとえば太陽に一番近い水星の位置など,重力が強い場所では,両理論はわずかにずれるが。万有引力の法則は発見から250年あまりたってやっと,遠隔作用であるという批判に応えられるようになったのである。

しかし一般相対性理論自体も,重力理論の最終ゴールではありえないことがわかっている。一般相対性理論の誕生から10年後に登場した新しい力学,量子論の枠組みに入っていないからである。重力だけが量子論の枠外にとどまることはできない。しかし一般相対性理論を量子論的に書き換える試みはまだ成功していない。真の重力理論の探究はまだ終わっ

ていないのである。

さくいん

【あ行】

アリストテレス	18, 30
一般相対性理論	58, 289
インペトゥス	31
ウールスソープ	18
運動の合成	92
運動の3法則	32, 91, 101
運動の量	33, 84
運動量保存則	96
遠隔作用	37, 288
円慣性	32
遠日点	50
遠心力	129
円錐曲線	151
遠地点	52
オッカムの剃刀	41
重さ	57
音速	263

【か行】

回転軌道	172, 202
回転楕円体	235
角運動量の保存則	122
隠れた力	36
渦動説	36, 266, 284
ガリレオ	18, 24, 253
ガリレオの相対性原理	31, 91
ガリレオの落下の法則	32, 113
慣性	31, 84
慣性質量	57
慣性の法則	33, 91
逆二乗則	19, 146
求積法	105
強制運動	30
共通重心	97, 189
ギルバート	36
近日点	50
近接作用	290
ケプラー	37
ケプラーの3法則	27
ケプラーの第1法則	146
ケプラーの第2法則	119
ケプラーの第3法則	128, 153
ケンブリッジ大学	18
向心力	47, 85
固定軌道	172
コペルニクス	23

【さ行】

作用反作用の法則	33, 92, 100
磁力	21
自然運動	30
質量	57, 82
重力	57
重力定数	64

重力場	290
真空	89
世界の体系	39
接触円	117
絶対運動	88
絶対空間	88
絶対時間	88
双曲線	151
相対運動	88
相対空間	88
相対時間	88

【た行】

楕円	27, 151
短径	28
短半径	28
地球の形	267
地動説	18
長径	28
長軸端	182
潮汐	279
長半径	28
月のテスト	52
抵抗力	244
デカルト	18, 24, 36
テコの原理	93
等加速度運動	19
等速円運動の向心力	125
土星の衛星	45
トリニティ・カレッジ	18

【な行】

ニュートン定数	64

【は行】

ハレー	21, 23, 252
バロー	20
反射望遠鏡	20
万有引力	19
万有引力的世界像	73
光	243
ビュリダン	31
フック	20, 22
物質固有の力	84
物質の量	82
ブラーエ	27
フラムスティード	21
振り子	252
振り子の実験	55
プリズム	20
プリンキピア	19, 23
扁長	235
変分法	261
扁平	235, 268
扁平率	275
ホイヘンス	55
ボイルの法則	251
放物線	151

【ま行】

水の波	262
面積速度	28
面積速度一定の法則	27, 119
モーペルチュイ	267, 287
木星の衛星	44, 47, 59

【ら行】

ライプニッツ	288
螺旋	250
ラプラス	263, 287
レン	22
ロイヤル・ソサエティ	20

N.D.C.423　　294p　　18cm

ブルーバックス　B-1638

プリンキピアを読む(よ)
ニュートンはいかにして「万有引力」を証明したのか？

2009年5月20日　第1刷発行

著者	和田純夫(わだすみお)
発行者	鈴木　哲
発行所	株式会社講談社
	〒112-8001　東京都文京区音羽2-12-21
電話	出版部　03-5395-3524
	販売部　03-5395-5817
	業務部　03-5395-3615
印刷所	(本文印刷)慶昌堂印刷株式会社
	(カバー表紙印刷)信毎書籍印刷株式会社
製本所	株式会社国宝社

定価はカバーに表示してあります。
©和田純夫 2009, Printed in Japan
落丁本・乱丁本は購入書店名を明記のうえ、小社業務部宛にお送りください。送料小社負担にてお取替えします。なお、この本についてのお問い合わせは、ブルーバックス出版部宛にお願いいたします。
®〈日本複写権センター委託出版物〉本書の無断複写(コピー)は著作権法上での例外を除き、禁じられています。複写を希望される場合は、日本複写権センター(03-3401-2382)にご連絡ください。

ISBN978-4-06-257638-3

発刊のことば

科学をあなたのポケットに

二十世紀最大の特色は、それが科学時代であるということです。科学は日に日に進歩を続け、止まるところを知りません。ひと昔前の夢物語もどんどん現実化しており、今やわれわれの生活のすべてが、科学によってゆり動かされているといっても過言ではないでしょう。

そのような背景を考えれば、学者や学生はもちろん、産業人も、セールスマンも、ジャーナリストも、家庭の主婦も、みんなが科学を知らなければ、時代の流れに逆らうことになるでしょう。

ブルーバックス発刊の意義と必然性はそこにあります。このシリーズは、読む人に科学的に物を考える習慣と、科学的に物を見る目を養っていただくことを最大の目標にしています。そのためには、単に原理や法則の解説に終始するのではなくて、政治や経済など、社会科学や人文科学にも関連させて、広い視野から問題を追究していきます。科学はむずかしいという先入観を改める表現と構成、それも類書にないブルーバックスの特色であると信じます。

一九六三年九月

野間省一